◆ 乡村产业振兴提质增效丛书 ◆

玉米抗逆稳产栽培新技术

临沂市农业科学院组织编写

庄克章　李宗新　吴荣华　张春艳　主编

U0349666

中国农业科学技术出版社

图书在版编目（CIP）数据

玉米抗逆稳产栽培新技术／庄克章等主编. --北京：中国农业科学技术出版社，2021.8

ISBN 978-7-5116-5433-5

Ⅰ.①玉… Ⅱ.①庄… Ⅲ.①玉米-抗逆品种-高产栽培 Ⅳ.①S513

中国版本图书馆 CIP 数据核字（2021）第 145679 号

责任编辑	崔改泵
责任校对	李向荣
责任印制	姜义伟　王思文
出 版 者	中国农业科学技术出版社
	北京市中关村南大街 12 号　邮编：100081
电　　话	(010)82109194(出版中心)　(010)82109702(发行部)
	(010)82109709(读者服务部)
传　　真	(010)82109698
网　　址	http://www.castp.cn
经 销 者	各地新华书店
印 刷 者	河北鑫彩博图印刷有限公司
开　　本	148 mm×210 mm　1/32
印　　张	6.75
字　　数	195 千字
版　　次	2021 年 8 月第 1 版　2021 年 8 月第 1 次印刷
定　　价	40.00 元

献给中华人民共和国成立 70 周年!

《玉米抗逆稳产栽培新技术》
编 委 会

主　编：庄克章　李宗新　吴荣华　张春艳

副主编：张　慧　高英波　李宝强　李　龙

　　　　葛　琳

编　者：孙继芳　杜元伟　李新新　彭景美

　　　　刘雪平　王　靖　崔爱华　王　鹏

　　　　魏　萍　李　静　韩玉涛

国家重点研发计划项目（2017YFD0301003）

临沂市重点研发计划项目（2020ZX026）　资助出版

序

实施乡村振兴战略，是以习近平同志为核心的党中央顺应亿万农民对美好生活的向往，对"三农"工作作出的重大战略部署。打造乡村振兴齐鲁样板，是党中央赋予山东的光荣使命。临沂作为全国革命老区、传统农业大市，必须抓住机遇、高点定位、勇于担当、科学作为，全力争取在打造乡村振兴齐鲁样板中走在前列。

近年来，全市各级各部门自觉践行"两个维护"，大力弘扬沂蒙精神，立足本职，精准施策，优化服务，强力推进乡村振兴，做了大量富有成效的工作。其中，临沂市农业科学院围绕良种选育、种养技术研发、农产品精深加工、智慧农业推广及沂蒙特色资源保护与开发等领域，依托各类科技园区、优质农产品基地、骨干企业、农业科技平台，突破了多项关键技术，取得了一批原创性的重大科研成果和关键技术，实施了一批重点农业科技研发项目，为全市乡村产业振兴作出了积极贡献。

在庆祝中华人民共和国成立 70 周年之际，临沂市农业科学院又对 2000 年以来取得的科研成果进行认真遴选，并与国内外先进农业技术集成配套，编纂出版《乡村产业振兴提质增效丛书》。该丛书凝聚了临沂农科人的大量心血，内容丰富、图文并茂、实用性强，这对于指导和推动农业转型升级、加快实施乡村振兴战略必将发挥重要作用。

乡村振兴，科技先行。希望临沂市农业科学院在推进"农业科技展翅行动"中再接再厉、再创辉煌，集中突破一批核心技术、创新应用一批科技成果、集成推广一批运营模式，全面提升农业科技创新水平。希望全市广大农业科技工作者不忘初心、牢记使命，聚焦创新、聚力科研，扎根农村、情系农业、服务农民，进一步为乡村振兴插上科技的翅膀。希望全市人民学丛书、用丛书，增强技能本领，投身"三农"事业，着力打造生产美产业强、生态美环境优、生活美家园好的具有沂蒙特色的"富春山居图"。

（中共临沂市委副书记、市长）

2019 年 7 月 29 日

前　言

　　临沂市农业科学院作为立足临沂、面向黄淮区域的公益性农业科研单位，多年来致力于农作物品种选育、抗逆稳产新技术及沂蒙特色资源保护与开发利用等研发工作。临沂市农业科学院玉米栽培团队主要从事玉米抗逆、高产栽培技术研发及推广工作，共获得科技成果 20 项，发表科技核心期刊论文 18 篇，参加编写山东省地方栽培技术规程 3 项，主持编写临沂市地方标准 4 项，推广玉米新技术 12 项，在推动临沂市及周边地区玉米增产增收、加快乡村振兴工作中发挥了重要作用。

　　为认真总结玉米生产中遇到的逆境问题，结合临沂市农业科学院研发的抗逆新技术，编纂了《玉米抗逆稳产栽培新技术》一书，供广大读者参考。

　　该书共分为六个部分：第一章为我国玉米生产及进出口情况，介绍了 2012—2019 年我国玉米生产情况、进出口情况；第二章为玉米需要的营养元素及缺素症状，介绍了玉米生长需要的大量元素、中量元素和微量元素所起的作用，玉米不同生育期需要的营养元素以及缺素症状；第三章为非生物逆境——低温障碍、高温热害和淹渍涝害，介绍了低温障碍、高温热害和淹渍涝害对玉米生长、生理特性影响以及抗低温、高温热害和腌渍涝害栽培技术；第四章为非生物胁迫——阴雨寡照和早衰，介绍了阴雨寡照对玉米生长、生理特性的影响以及抗阴雨寡照栽培技术，早衰表现、早衰产生的原因及预防技术；第五章为生物逆境——玉米主要病虫草害，介绍了玉米病害发病特点以及防治方法，玉米害虫发生规律以及防治方法，主要草害形态特点以及防治方法；附录为本任务取得的主要科研成果，介绍了本任务发表的科研论文、授权专利和计算机软件著作权、发布的栽培技术规程和地方标准、培创的高产攻关田和示范田及产量结果。

　　本书是临沂市农业科学院向中华人民共和国成立 70 周年和中国共产党成立 100 周年献礼项目。由于时间仓促，加之水平所限，不当之处，敬请批评指正。

编　者

2021 年 4 月

目　　录

第一章 我国玉米生产及进出口概况

第一节 2012—2019 年我国玉米生产情况

我国玉米总产量从 2012 年的 22 955.90 万吨增长到 2019 年的 26 077.00 万吨,2012—2019 年玉米播种面积在 2015 年最大,达到 4 496.839 万公顷,2012—2015 年玉米播种面积呈增加趋势,2015—2019 年玉米播种面积呈递减趋势。玉米单产呈递增趋势,从 2012 年的 5.870 吨/公顷增长到 2019 年的 6.316 吨/公顷（表 1-1）。

表 1-1 2012—2019 年我国玉米生产情况

年份	总产（万吨）	播种面积（万公顷）	单产（吨/公顷）
2019	26 077.00	4 128.400	6.316
2018	25 717.39	4 212.900	6.104
2017	25 907.07	4 239.900	6.110
2016	26 361.31	4 417.761	5.967
2015	26 499.22	4 496.839	5.893
2014	24 976.44	4 299.681	5.809
2013	24 845.32	4 129.921	6.016
2012	22 955.90	3 910.924	5.870

数据来源：国家统计局，转自中国农业信息网。

第二节　2011—2019 年我国玉米进出口情况

我国玉米进出口情况见表 1-2。

表 1-2　我国玉米进出口情况

年份	全球出口量（万吨）	中国进口比重（%）	中国进口量（万吨）	中国出口比重（%）
2019	16 800.00	2.85	478.80	0.01
2018	15 110.00	2.33	352.06	0.01
2017	14 330.00	1.97	282.30	0.06
2016	12 870.00	2.46	316.60	0.00
2015	11 640.00	4.06	472.58	0.01
2014	10 740.00	2.42	259.91	0.02
2013	9 900.00	3.30	326.70	0.08
2012	9 320.00	5.59	520.99	0.27
2011	8 980.00	1.95	175.11	0.15

数据来源：联合国粮农组织，转自中国农业信息网。

2011—2019 年全球出口量一直呈线性上升趋势，玉米进口量175.11 万～520.99 万吨，2011 年进口量最低，2012 年进口量最高，我国玉米出口量很少。

第三节　我国玉米主要进口国

从世界玉米贸易来看，贸易出口主要集中在少数几个国家，如美国、阿根廷、巴西等，三国玉米出口总量占世界玉米贸易中的比重常年超过 50%。因此，中国玉米的进口可选择性有限，进口比较集中。从 2013 年开始，乌克兰加大了对中国的玉米出口，自2015 年以来，乌克兰成为中国玉米进口额最大的国家，占比高达

83.94%（吴天龙，2018），特别是2019年我国从乌克兰进口玉米413.74万吨，占我国总进口量的84.30%，2019年我国从美国进口玉米31.77万吨，占我国总进口量的7.01%，2020年乌克兰仍为我国第一大玉米进口来源，但自美国玉米采购量正快速增长。2020年乌克兰仍然为我国玉米第一大进口来源地，进口629.76万吨，占玉米进口总量的55.76%；美国为第二大进口来源地，进口434万吨，占比38.44%。全年进口量1 129万吨，超过720万吨的进口配额，创历史最高纪录。总的说来，我国玉米进口来源地比较单一，对外依存度较高，面临国际市场的风险也较大。由于我国玉米价格不占优势，尤其相比于一些发达国家，我国玉米存在贸易逆差，出口量在不断下降。中国、美国、巴西和阿根廷是世界主要玉米生产国，但无论是从单产水平，还是从生产成本来看我国玉米竞争力与其他三国相比都存在着差距。中国玉米种植规模偏小，组织化程度低，以农户家庭经营为主，化肥农药等投入较多，成本高于国外，在国际竞争中优势并不明显（王凤山，2017）。

养殖业特别是养猪业和养牛业扩产提速，带动饲用玉米和大豆需求大幅增长，玉米深加工产能扩张带动玉米工业需求明显增加，玉米供需从阶段性过剩向供给偏紧转变，进口玉米显然有助平衡国内供给缺口。与此同时，国内粮食价格保持高位运行，国内外粮价倒挂严重，在一定程度上刺激粮食进口显著增加。未来国内玉米下游需求继续保持增长趋势，即便中国继续维持720万吨的进口配额不变，随着国内玉米价格的不断上涨，配额外进口玉米逐渐成为可能。2021年2月农业农村部供需报告将中国本年度玉米进口量维持在1 000万吨，美国农业部2月供需报告将中国的玉米进口量从1月预估的1 750万吨上调至2 400万吨。目前来看我国粮食市场将长期面临结构性短缺的矛盾，适度进口是保障国家粮食安全的重要途径。

第二章　玉米需要的营养元素及缺素症状

第一节　玉米需要的营养元素及需求量

一、玉米需要的营养元素

（一）大量元素

1. 氮肥

氮是玉米进行生命活动所必需的重要元素，对玉米生长发育影响最大。①氮是蛋白质中氨基酸的主要成分，约占蛋白质总量的17%；②是核苷酸、叶绿素以及植物体内许多酶的组成成分，促进新陈代谢；③是植物体内许多维生素及一些植物激素的组成成分；④玉米植株器官、生殖器官的建成与发育是蛋白质代谢的结果，没有氮就不能进行正常的生命活动。

2. 磷肥

玉米对磷的需求较氮、钾少，但磷对玉米生长非常重要。

磷是植物体内重要有机化合物的组成元素，能促进蛋白质的形成、碳水化合物的合成、脂肪的代谢。还能提高植物的抗逆性：①提高抗旱能力，促进根的生长；②提高抗寒能力；③提高对酸碱的适应能力；④缩短花芽分化时间，提高坐果结实率。

3. 钾肥

钾是植物体内许多酶的活化剂，可促进光合作用，提高 CO_2 的同化，促进碳水化合物的合成和运转，促进蛋白质和核蛋白的合成，提高抗逆性：抗倒、抗旱、抗盐、抗寒、抗病。

（二）中、微量元素

1. 锌肥

（1）锌肥的作用。玉米是对锌最敏感的大田作物之一。锌是玉米体内多种酶的组成成分，参与一系列的生理过程。无氧呼吸中乙醇脱氢酶需要锌激活，因而充足的锌对玉米耐涝性有一定作用。锌参与玉米体内生长素的形成，缺锌生长素含量低，细胞壁不能伸长而使植株节间缩短，生长减慢，植株矮化，生长期延长。

（2）玉米对锌肥的吸收特点。玉米对锌的累积吸收量随生育时期逐渐增加，至蜡熟期最高，成熟时有所下降，平均每亩吸收33.43 克，高肥>中肥>低肥。锌的阶段吸收量为：苗期每亩吸收2.2 克，占全生育期吸收总量的 6.6%；拔节期至抽丝期，每亩吸收 18.9 克，是玉米一生中吸收锌最多的阶段，占总吸收量的56.6%；吐丝至成熟期，每亩吸收 12.1 克，占总吸收量的 36.8%。锌的吸收强度在玉米一生中出现两个峰值，即大喇叭口期和成熟期，分别为 998.08 毫克/（亩·天）和 318.78 毫克/（亩·天）。

2. 锰肥

（1）锰肥的作用。锰在酶系统中的作用是一个激活剂，直接参与水的光解，促进糖类的同化和叶绿素的形成，影响光合作用。锰还参与硝态氮还原氨的作用，与氮素代谢有密切关系。

（2）玉米对锰肥的吸收特点。玉米对锰的累积吸收量随生育时期逐渐增加，至蜡熟期达最高，成熟时有所下降，平均每亩吸收26.49 克，高肥>中肥>低肥。锰的阶段吸收量为：苗期每亩吸收2.3 克，占全生育期吸收总量的 8.8%；拔节期至吐丝期，每亩吸收 19.7 克，是玉米一生中吸收锰最多的阶段，占总吸收量的74.6%；吐丝至成熟期，每亩吸收 4.4 克，占总吸收量的 16.6%。锰的吸收强度近似双峰曲线，大喇叭口期达最高值，为 9.41 克/（亩·天）。

3. 铜肥

（1）铜肥的作用。铜是作物体内多种酶的组成成分，参与许多重要的代谢过程。铜与叶绿素形成有关，叶绿体中含有较多的铜。缺铜时，叶片失绿变黄。铜还参与蛋白质和糖类代谢。

（2）玉米对铜肥的吸收特点。玉米对铜的累积吸收量随生育时期逐渐增加，成熟期达最大值，平均每亩吸收 10.26 克，高肥>中肥>低肥。铜的阶段吸收量为：苗期为每亩吸收 0.7 克，占全生育期吸收总量的 7%左右；拔节期至吐丝期，每亩吸收 5.9 克，是玉米一生中吸收铜最多的阶段，占总吸收量的 57.6%；吐丝至成熟期，每亩吸收 3.6 克，占总吸收量的 35.4%，对铜的吸收仍较多。铜的吸收强度在玉米一生中出现两个峰值，即吐丝期和蜡熟期，分别为 171.58 毫克/（亩·天）和 161.48 毫克/（亩·天）。

4. 钼肥

（1）钼肥的作用。钼主要以二价阴离子的形式被吸收。钼是硝酸还原酶的组成成分，能促进硝态氮的同化作用，使作物吸收的硝态氮还原成氨，缺钼时这一过程受到抑制。钼被认为是植株中过量铜、硼、镍、锰和锌的解毒剂。

（2）玉米对钼肥的吸收特点。玉米对钼的累积吸收量随生育时期的后移不断增加，直至成熟期，平均每亩吸收 2.01 克，高肥>中肥>低肥。钼的阶段吸收比例，苗期吸收量占总吸收量的 2.3%；拔节期至抽雄期为 57.4%；抽雄期至成熟期为 42.6%。玉米穗期和粒期吸收钼较多；钼的吸收强度，最大吸收高峰在大喇叭口期，其峰值为 55.28 毫克/（亩·天）。

5. 铁肥

（1）铁肥的作用。铁是叶绿体的组成成分，玉米叶子中 95%的铁存在于叶绿体中。铁不是叶绿素的成分，却参与叶绿素的形成，因此，铁是光合作用不可缺少的元素。铁还是细胞色素氧化酶、过氧化物酶和过氧化氢酶的成分，所以，铁与呼吸作用有关。

（2）玉米对铁的吸收特点。玉米对铁的累积吸收量随生育时期的后移不断增加，至成熟期达最大值，平均每亩吸收 128.79 克，高肥>中肥>低肥。铁的阶段吸收量为：苗期每亩吸收 5.3 克，占一生吸收总量的 4.1%；拔节期至吐丝期，每亩吸收 78.1 克，占总吸收量的 60.7%，这一阶段铁的吸收量最大；吐丝至成熟期，每亩吸收 45.4 克，占 35.2%；灌浆期对铁的需求仍较大。铁的吸收强度出现两个吸收高峰，吐丝期和蜡熟期，吸收强度分别为 2.41 毫克/（亩·天）和 2.42 毫克/（亩·天）。

6. 硫肥

（1）硫肥的作用。硫是蛋白质和酶的组成元素。蛋白质中含硫的氨基酸有三种，即胱氨酸、半胱氨酸和蛋氨酸。供硫不足会影响蛋白质的合成，导致非蛋白质氮积累，影响玉米生长发育。硫是许多酶的成分，这些含有巯基的酶类影响呼吸作用、淀粉合成、脂肪和氮代谢。硫是某些生理活性物质的组成成分，如维生素 B、辅酶 A、乙酰辅酶 A 等都是含硫化合物。

（2）玉米对硫肥的吸收特点。玉米对硫的积累随生育时期而增加。不同品质类型玉米形成 100 千克籽粒吸收硫的数量存在差异。刘开昌等（2004）认为：形成 100 千克籽粒吸硫量，高淀粉玉米'长单 26'需 0.327 千克，高油玉米'高油 1 号'需 0.290 千克，普通玉米'掖单 13 号'需 0.279 千克。不同品种硫吸收量虽不同，但吸收与分配的规律相同。玉米对硫的阶段吸收为"M"形曲线，其中拔节至大喇叭口期、开花至成熟期为吸硫高峰期，吸硫量分别占整个生育期吸硫的 26.1% 和 25.4%。硫的吸收强度从出苗到拔节较低，拔节后吸收强度急剧升高，到大喇叭口期达最大。可见保证拔节到大喇叭口期硫肥的充分供应是非常重要的。此外，开花到成熟，玉米植株对硫仍保持较高的吸收强度，在田间管理上应注重后期硫肥的充分供给。

7. 钙肥

（1）钙肥的作用。钙是细胞壁的结构成分，它与中胶层中果胶质形成果胶酸钙被固定下来，不易转移和再利用，所以新细胞形成需要充足的钙。钙又影响细胞分裂和分生组织生长。

钙影响玉米体内氮的代谢，能提高线粒体的蛋白质含量。钙能活化硝酸还原酶，促进硝态氮的还原和吸收。钙对稳定生物膜的渗透性起重要作用。钙离子能降低原生质胶体的分散度，增加原生质的黏滞性，减少原生质膜的渗透性。

缺钙使玉米叶片受到膜脂过氧化伤害，超氧化物歧化酶活性尤其是铜、锌—超氧化物歧化酶活性急剧下降，细胞器破坏，首先是叶绿体类囊体解体，随后质膜、线粒体膜、核膜和内质网膜等内膜系统紊乱和伤害。而钾离子能增加生物质膜的渗透性。钙、钾配合能调节细胞渗透性，使细胞的充水度、黏性、弹性及渗透性等维持在正常的生理状态。钙是某些酶促反应的辅助因素，如淀粉酶、磷脂酶、琥珀酸脱氢酶等都用钙作活化剂。钙还能与某些离子产生拮抗作用，以消除离子过多的毒害。如钙与铵离子、氢离子、铝离子、钠离子的拮抗。

钙可以抑制水分胁迫条件下玉米幼苗质膜相对透性的增大及叶片相对含水量的下降，说明钙能提高玉米耐旱性。钙能提高玉米幼苗的耐盐性，钙浸种能减轻玉米胚根在盐胁迫下的膜伤害和提高胚根在盐胁迫下的细胞活力。

玉米种子活力受钙离子调控，钙浸种可提高种子萌发活力。钙离子提高种子发芽率和活力的原因，可能是钙离子促进胚和胚乳中 α-淀粉酶和 β-淀粉酶的活性，加速胚乳中贮藏物质如淀粉和可溶性蛋白的分解。

（2）玉米对钙肥的吸收特点。从阶段吸收量来看，玉米苗期阶段吸钙较少，占一生总吸收量的 4.77%～6.19%；穗期阶段吸收最多，占 53.93%～82.13%；粒期吸收量也较多，占 11.68%～41.3%。从累积吸收量来看，到大喇叭口期累积吸收达35.98%～46.23%，到吐丝时达 58.7%～88.32%，到蜡熟期累积吸收97.63%～98.3%。从器官中钙的再分配看，向外输出钙最多的是叶片，其次为苞叶。这种输出主要是转移到了其他营养器官。从植株总体情况看，营养体中的钙并没有向外输出，说明籽粒中的钙全部来自于籽粒发育期间土壤钙的吸收。

8. 镁肥

（1）镁肥的作用。镁是叶绿素的构成元素，与光合作用直接有关。缺镁则叶绿素含量减少，叶片褪绿。镁是许多酶的活化剂，有利于玉米体内的磷酸化、氨基化等代谢反应。镁能促进脂肪的合成，高油玉米需要更充分的镁素供应。镁参与氮的代谢，镁能使磷酸转移酶活化，促进磷的吸收、运转和同化，提高施磷的效果。

（2）玉米对镁肥的吸收特点。从阶段吸镁量来看，玉米苗期镁吸收较少，占一生吸收总量的 5.38% ~ 7.43%；穗期吸镁最多，占 56.1% ~ 67.68%；粒期吸收量为 24.89% ~ 38.52%。从累积吸收量看，玉米到大喇叭口期累积吸收 40.2% ~ 42.73%，吐丝时吸收 61.48% ~ 75.11%。不同品种每一时期吸收量存在差异。紧凑型品种在大喇叭口期至吐丝期吸镁量最多，占一生吸收的 34.91%；平展型品种在拔节至大喇叭口期吸镁最多，占一生吸收量的 37.3%。紧凑型夏玉米'掖单 13 号'在密度为每亩 5 000 株，籽粒产量为 780 千克，每亩吸镁 2.983 千克，形成 100 千克籽粒吸镁 0.382 千克。从吸收强度看，玉米对镁的吸收有两个高峰期，紧凑型品种第一个高峰期在大喇叭口至吐丝期，吸收强度为 65.07 千克/（亩·天）；第二个高峰期在吐丝后 15 ~ 30 天，吸收强度较弱，为 20.20 千克/（亩·天）。平展型品种第一个吸收高峰在拔节至大喇叭口期，吸收强度为 45.87 千克/（亩·天）；第二个吸收高峰在吐丝至吐丝后 15 天，吸收强度为 42.33 千克/（亩·天）。

二、玉米各生长时期需肥量

在一定范围内，玉米产量随着施肥量的增加而提高。准确地确定施肥量是实现玉米高产、稳产的重要途径。

玉米生长发育形成产量时，吸收的养分既有土壤中贮存的养分，也有当季施入肥料中的养分。从土壤贮存或肥料中吸收养分的多少及其比例又受许多因素的综合影响，所以，准确确定施肥量有一定困难。理论上确定玉米施肥量的方法很多，但都比较复杂。下面介绍两种方法供参考。

有条件的地方可以进行测土施肥，每 3～5 年化验 1 次土壤中各种养分含量，再根据玉米的需肥量、计划产量、土壤供肥能力、当季肥料利用率等因素，用公式粗略计算出施肥量。

（一）玉米需肥规律

1. 不同生长时期玉米对养分的需求特点

每个生长时期玉米需要养分比例不同。玉米从出苗到拔节，吸收氮 2.5%、磷 1.12%、钾 3%；从拔节到开花，吸收氮 51.15%、磷 63.81%、钾 97%；从开花到成熟，吸收氮 46.35%、磷 35.07%、钾 0%。

2. 玉米营养临界期

玉米磷素营养临界期在三叶期，一般是种子营养转向土壤营养时期；玉米氮素临界期则比磷稍后，通常在营养生长转向生殖生长的时期。临界期对养分需求并不大，但养分要全面，比例要适宜。这个时期营养元素过多、过少或者不平衡，对玉米生长发育都将产生明显不良影响。

3. 玉米营养最大效率期

玉米最大效率期在大喇叭口期。这是玉米养分吸收最快最大的时期。这期间玉米需要养分的数量最大，吸收速度也最快，肥料的作用最大，此时肥料施用量适宜，玉米增产效果最明显。

（二）玉米整个生育期内对养分的需求量

玉米生长需要从土壤中吸收多种矿质营养元素，其中以氮素最多，钾次之，磷居第三位。

一般每生产 100 千克籽粒需从土壤中吸收氮（计算量时一般指纯 N，下同）2.5 千克、磷（计算量时一般指 P_2O_5，下同）1.2 千克、钾（计算量时一般指，K_2O，下同）2.0 千克。氮：磷：钾比例为 1∶0.48∶0.8。

肥料施用量 = （计划产量对某要素需要量-土壤对某要素的供给量）/［肥料中某要素含量（%）×肥料当季利用率（%）］

肥料的当季利用率变化很大，据试验，一般有机农家肥当季利用率为 30% 左右，氮素化肥当季利用率为 40%~50%（以 40% 计），磷、钾化肥为 30%~40%（以 30% 计）。

例如：计划亩产 500 千克玉米籽粒需要施多少肥？假设土壤普查时土壤含氮量为 17 千克/亩，磷为 6.0 千克/亩，钾为 14.4 千克/亩。土壤中养分利用率氮为 50%、五氧化二磷为 70%、氧化钾为 30%。全国肥料试验平均亩产 500 千克时，每生产 100 千克籽粒按需氮 2.5 千克、磷 1.2 千克、钾 2.0 千克来计算尿素、过磷酸钙和氯化钾的施用量（尿素含氮 46%，过磷酸钙含有效磷 16%，氯化钾含有效钾 50%）。

1. 确定目标产量

目标产量就是当年种植玉米要定多少产量，它是由耕地的土壤肥力高低情况来确定的。另外，也可以根据地块前 3 年玉米的平均产量，再提高 10%~15% 作为玉米的目标产量。例如：某地块为较高肥力土壤，当年计划玉米产量达到 600 千克，玉米整个生育期所需要的氮、磷、钾养分量分别为 15 千克、7.2 千克和 12 千克。

2. 计算土壤养分供应量

测定土壤中含有多少养分，然后计算出 1 亩地中含有多少养分。1 亩地表土按 20 厘米算，共有 15 万千克土，如果土壤碱解氮的测定值为 120 毫克/千克，有效磷含量测定值为 40 毫克/千克，钾含量测定值为 90 毫克/千克，则 1 亩地土壤碱解氮的总量为 15 万千克×120 毫克/千克×10^{-6} = 18 千克，有效磷总量为 15 万千克×40 毫克/千克×10^{-6} = 6 千克，钾总量为 15 万千克×90 毫克/千克×10^{-6} = 13.5 千克。

由于多种因素均能影响土壤养分的有效性，土壤中有效养分并不能全部被玉米吸收利用，需要乘上一个土壤养分校正系数。我国各省配方施肥参数研究表明，碱解氮的校正系数为 0.3～0.7，有效磷校正系数为 0.4～0.5，钾校正系数为 0.5～0.85。

氮磷钾化肥利用率为：氮 30%～35%、磷 10%～20%、钾 40%～50%。

3. 确定玉米施肥量

有了玉米全生育期所需要的养分量和土壤养分供应量及肥料利用率就可以直接计算玉米的施肥量了。再把纯养分量转换成肥料的实物量，就可以用来指导施肥。根据 1、2 当中的数据，亩产 600 千克玉米，所需纯氮量为（15－18×0.6）÷0.30＝14 千克。磷用量为（7.2－6×0.5）÷0.2＝21 千克，考虑到磷肥后效明显，所以磷肥可以减半施用，即施 10 千克。钾用量为（12－13.5×0.6）÷0.50＝8 千克。若施用磷酸二铵、尿素和氯化钾，则每亩应施磷酸二铵 20～22 千克，尿素 22～25 千克，钾 14 千克。

4. 微肥的施用

玉米对锌非常敏感，如果土壤中有效锌少于 0.5～1.0 毫克/千克，就需要施用锌肥。土壤中锌的有效性在酸性条件下比碱性条件下要高，所以碱性和石灰性土壤容易缺锌。长期施磷肥的地区，由于磷与锌的拮抗作用，易诱发缺锌，应给予补充。常用锌肥有硫酸锌和氯化锌，基肥亩用量 0.5～2.5 千克，拌种 4～5 克/千克，浸种浓度 0.02%～0.05%。如果复合肥中含有一定量的锌就不用施锌肥了。

第二节　缺素症

一、缺氮症

缺氮症状：苗期缺氮植株生长受阻而显得矮小、瘦弱、叶片薄，叶片由下向上失绿黄化，从叶尖沿中脉间向基部发黄变色，形成一个"V"形黄化部分，致全株黄化，缺氮严重或关键期缺氮将直接导致产量和品质下降。低氮胁迫导致玉米籽粒产量降低（景立权，2014；申丽霞，2006），低氮条件易引起玉米供氮不足，造成叶片中叶绿体基粒片层蛋白减少，从而影响了谷氨酰胺合成酶（GS）的功能，导致 GS 活性下降，蛋白质合成途径部分受阻，降低籽粒蛋白质含量（张智猛，2005）。

缺氮原因：有机质含量少，低温或淹水，大量施用秸秆，特别是中期干旱或大雨易出现缺氮症。

防治方法：①培肥地力，提高土壤供氮能力。②大量施用碳氮比高的有机肥料（如小麦秸秆）时，注意配施速效氮肥。③翻耕整地时，配施一定量的速效氮肥作基肥。④地力不均引起的缺氮症，要及时补施速效氮肥。

二、缺磷症

缺磷症状：苗期最明显，植株生长缓慢、瘦弱，茎基部、叶鞘甚至全株呈现紫红色，叶尖和叶缘出现黄色，严重时叶尖枯萎呈褐色。幼嫩植株表现尤为严重。随着生长，下部叶片由紫红色变成黄色。抽穗吐丝延迟。缺磷影响玉米授粉和籽粒灌浆，玉米果穗小、秃尖、易弯曲、行列不整齐，籽粒也不饱满，成熟期推迟。缺磷减少玉米的叶片数、株高、根系活跃吸收面积、植株干重、氮磷钾吸收量和磷钾转运率，增加玉米的总根长、根表面积、根体积、总吸收面积和根冠比（彭正萍，2009）。低磷胁迫下，植物根系变细、变长、侧根与根毛的数量和长度增加、根重与根/冠比增加以及簇生根的产生等（Liu et al.，2004；米国华等，2004）；李绍长等（2004）的基质培养结果表明，低磷使玉米干物质和氮钾向根系分配比例增加，但根重降低。

防治方法：①应根据植株分析和土壤化验结果及缺素症表现进行正确诊断。②提倡基施腐熟有机肥和磷肥，采用配方施肥技术，对玉米按量补施所缺肥素。③发现缺磷，早期可以开沟追施磷酸二铵 20 千克/亩，后期叶面喷肥 0.2%~0.5%的磷酸二氢钾溶液，或喷施 1%的过磷酸钙溶液。

三、缺钾症

缺钾症状：多发生在生育中后期，表现为植株生长缓慢、矮化，中下部老叶叶尖、叶缘黄化或似火红焦枯；节间缩短，叶片与茎节的长度比例失调，呈现叶片密集堆叠矮缩的异常株型。缺钾引起气孔阻力增大和叶肉细胞光合活力下降（李秧秧和范德纯，1993）。

缺钾原因：沙土含钾低，玉米作为需钾量高的作物，易出现缺钾。

防治方法：①确定钾肥的施用量。一般每亩施用 6~10 千克钾肥。②选择适当的钾肥施用期。③开辟钾源。充分利用秸秆、有机肥料和草木灰等钾肥资源，实行秸秆还田，增施有机肥料和草木灰等。④控制氮肥用量。目前生产上缺钾症的发生在相当大的程度上是由于单一施用氮肥或氮肥施用过量而引起的，在钾肥施用得不到充分保证时，要适当控制氮肥的用量。

四、缺镁症

缺镁症状：幼苗上部叶片发黄。叶脉间出现黄白相间的褪绿条纹，下部老叶片尖端和边缘呈紫红色；缺镁严重的叶边缘、叶尖枯死，全株叶脉间出现黄绿条纹或矮化。

缺镁原因：土壤酸度高或受到大雨淋洗后的沙土易缺镁。

防治方法：在玉米苗期叶面喷施0.5%硫酸镁溶液1~2次。

五、缺锌症

缺锌症状：在玉米3~5叶期，出现花白苗，幼叶呈现出淡黄色至白色。严重时，幼苗老龄叶出现微小的白色斑点并迅速扩大，叶肉坏死，叶面半透明，似白绸或塑料膜，容易折断。

缺锌原因：系土壤或肥料中含磷过多，酸碱度高、低温、湿度大或有机肥少的土壤易发生缺锌症。

防治方法：可在苗期至拔节期每亩喷施0.2%硫酸锌溶液50~75千克，或在播种前期用硫酸锌溶液拌种。

六、缺硫症

缺硫症状：叶色褪绿，呈现淡绿色或黄绿色，叶片变薄，植株矮化，与缺氮症状相似。

缺硫原因：酸性沙质土、有机质含量少或寒冷潮湿的土壤易发病。

防治方法：可以在苗期至拔节期每亩喷施0.2%硫酸锌溶液50~75千克，或者在播种前期用硫酸锌溶液拌种。

七、缺铁症

缺铁症状：苗期叶片叶脉间失绿呈现条纹状，中、下部叶片为黄绿色条纹，严重时整个新叶失绿变白，失绿部分色泽均一，一般不出现坏死斑点。

缺铁原因：碱性土壤中易缺铁。

防治方法：在玉米苗期采用叶面喷洒0.1%~0.5%的硫酸亚铁溶液或0.5%氨基酸铁溶液1~2次。

八、缺硼症

缺硼症状：玉米前期缺硼，幼苗展开困难，根系不发达、植株矮小，上部叶片脉间组织变薄，呈白色透明的条状纹，甚至枯死。

缺硼原因：干旱、土壤酸度高或沙土易出现缺硼症。

防治方法：可以在苗期至拔节期亩喷施 0.2% 硼砂溶液 50～75 千克。

九、缺钙症

缺钙症状：发病初期，植株生长矮小，新叶叶缘出现白色斑纹和锯齿状不规则横向开裂。新叶分泌透明胶质，相邻幼叶的叶尖相互粘连在一起，使得新叶抽出困难，卷筒状下弯。

缺钙原因：土壤酸度过低或矿质土壤 pH 值 5.5 以下，土壤有机质在 48 毫克/千克以下或钾、镁含量过高易发生缺钙。

防治方法：在玉米苗期叶面喷施 0.5% 的过磷酸钙溶液 1～2 次。

十、缺锰症

缺锰症状：幼苗叶片的脉间组织逐渐变黄，而叶脉及其附近组织仍可保持绿色，形成黄绿相间的条纹；叶片弯曲下披，根系细长呈白色。严重缺锰时，叶片会出现黑褐色斑点，并逐渐扩展至整个叶片。

缺锰原因：pH 值大于 7 的石灰性土壤或靠近河边的田块，锰易流失。

防治方法：可以在苗期至拔节期每亩喷施 0.2% 硫酸锰溶液 50~75 千克。

第三章 非生物逆境——低温障碍、高温热害和淹渍涝害

第一节 玉米低温障碍

一、状况描述

玉米原产于热带，是一种喜温作物，对温度要求较高。一些年份由于气温低，常使玉米产生低温冷害。播种至出苗遇有低温，出现出苗推迟，苗弱、瘦小，种子发芽率、发芽势降低等现象，且对植株功能叶片的生长有阻碍作用。四展叶期，植株明显矮小，表现生长延缓，光合作用强度、植株功能叶片的有效叶面积显著降低；四展叶期至吐丝期，低温持续时间长，株高、茎秆、叶面积及单株干物质重量受到影响；吐丝至成熟期，低温造成有效积温不够。灌浆期，低温使植株干物质积累速率减缓，灌浆速度下降，造成减产。

二、原因探究

从玉米整个生育期来看，芽期、苗期、灌浆期对低温敏感性很大。苗期低温降低了光合作用强度，影响植株生长。即使温度恢复后仍有一定的低温后效作用，然后逐渐恢复。同时，低温下植株功能叶片的生长受到抑制，影响了植株总的有效叶面积，致光合生产率下降。播种至出苗期需有效积温 79.4 日·℃，生物学低限为 9.3℃。播种至出苗的天数随温度增高而缩短。平均气温 15℃，需 15~20 天。平均气温 12.8~16.8℃产量高，高于或低于这个温度都

会减产。均温低于 10℃，光合生产率明显下降。生产上播种至出苗平均气温升高或降低 1℃，每亩产量就会增加或减少 10.6 千克。出苗至吐丝期，进入了玉米生长发育的旺盛阶段，尤其进入拔节以后，温度升高生长发育快，有利于株高、茎粗、叶面积和单位干物质重量的增加。平均气温低于 23.9℃，就会受到影响，低于 23℃就会减产。吐丝至成熟是产量形成的重要时期，仍需较高温度。从开始吐丝至吐丝后 13 天是籽粒缓慢增重时期，吐丝后 14～45 天是籽粒快速增重阶段，灌浆速度直线上升，46 天后至成熟又转到籽粒缓慢增重阶段。此间平均气温提高或降低 1℃，则亩生产量可增加或减少 76.6 千克。吐丝至成熟期间气温变化，尤其气温偏低对产量影响比播种至出苗期还要大。

三、抗低温种植技术

（一）选用玉米良种

玉米品种间耐低温差异很大，故应因地制宜选用适合当地的耐低温高产优质玉米良种：郑单 958、金凯 7、九单 318、吉农大 678、迪卡 519、金园 130、华农 206、华科 3A2000、良科 1008、吉单 558、大民 899、良玉 208、东润 188、恒玉 598、吉第 816、迪卡 516、平安 169、奥邦 818、天农九、中良 916、平安 186、先玉 335、莱科 818、美玉 99、吉农大 935、吉农玉 898、禾玉 35、恒玉 218、禾玉 89、先玉 1111、利民 33、云玉 66、京科 968、吉农大 889、良玉 66、吉玉 88、宏兴 1 号、禾玉 47、良玉 918、德育 919、银河 158、雄玉 581、兴农 86、华科 425、农华 101、良玉 99、飞天 358（苏义臣等，2016）。

（二）种子处理

用 0.5% 壳聚糖浸种处理玉米种子（王延峰等，2002）、0.5% CaCl$_2$ 浸种处理玉米种子可以提高玉米苗期抗冻性（孟婧等，2007），也可用禾欣液肥 50 毫升，兑水 500 毫升拌种，可提高抗寒力。还可用生物钾肥 500 克兑水 250 毫升拌种，稍加阴干后播种，增强抗逆力。

（三）严格依据气候区划科学地确定播种期，适期早播，使各生育阶段温度指标得到满足

如播种至出苗气温最好为 12.8~16.8℃，不要低于 10℃；出苗至吐丝平均气温高于 24℃ 为宜，不要低于 23℃；吐丝至成熟需要较高温度，以利于光合作用进行，尤其灌溉后期气温偏高昼夜温差大有利于干物质积累；籽粒形成至灌浆期处于 7 月，气温高于 23℃，约需积温 300℃，一般能满足。吐丝后 13~45 天进入快速增长阶段，需积温 1 000℃，气温 20℃ 能顺利完成。生产上播种晚的（一般 6 月以后播种），进入籽粒快速增长阶段平均气温低于 20℃ 或更低，积温仅 910℃，不能满足灌浆成熟需要，这样的低温对产量影响比较大，因此必须确定适合当地能满足玉米生育后期对温度需要的播种期，做到适期早播。

（四）增施磷肥

苗期施用磷肥能改善玉米生长环境，对缓减低温冷害有一定效果，在玉米幼苗期喷施脱落酸 15 毫克/升可以提高玉米苗期抗冻性（李馨园等，2011）。

（五）提倡采用玉米覆盖地膜栽培法

覆盖地膜可提高地温，对抵抗低温可发挥重要作用。

第二节 玉米高温热害

一、玉米高温热害的发生条件

进入 7 月下旬后，夏玉米一般正处于营养生长到生殖生长转化的关键时期，对光、肥、水、热、气等因素非常敏感。在这个时期，适宜的温度、光照和水分条件将有利于玉米生长发育，相反如遇到连续的高温干旱等灾害性气候条件，将严重影响玉米的生长发育。

二、玉米热害指标、等级划分和不同阶段受害特点

（一）玉米热害指标

以全生育期平均气温为准，轻度热害为29℃，减产11.9%；中度热害为33℃，减产52.9%；严重热害为36℃，将造成绝产。最高气温38~39℃造成高温热害，其时间越长受害越重、恢复越困难。当日平均最高气温高于35℃并持续5天以上、无效降水持续8天以上，在这样的气象条件下，玉米高温热害必然发生。

（二）玉米高温热害等级划分和不同阶段受害特点

玉米热害指标，以中度热害为准，苗期36℃，生殖期32℃，成熟期28℃。开花期气温高于32℃不利于授粉。以全生育期平均气温为准，轻度热害为29℃，减产11.9%；中度热害33℃，减产52.9%；严重热害36℃，将造成绝产。最高气温38~39℃造成高温热害，其时间越长受害越重，恢复越困难。

出叶速度与温度关系（营养生长期）33℃时受高温轻度危害，出叶速度开始下降；36℃时受中等危害，出叶速度明显下降；39℃时受害严重，出叶速度严重下降。

轻、中、重度热害对产量的影响以全生育期平均气温为标准，29℃轻度热害，将减产10%左右；33℃中度热害，将减产50%以上；36℃严重受害，将造成绝产。玉米生育期不同，热害指标有明显差别，总趋势是苗期最耐热，生殖期次之，成熟期最不耐热（吕凯，2014）。

三、高温热害对玉米生长发育的影响

（一）高温热害对玉米雌雄穗的影响

高温会对雄穗和雌穗都造成伤害。在孕穗阶段与散粉过程中，当气温持续高于35℃时不利于花粉形成，开花散粉受阻，表现在雄穗分枝变小、数量减少，小花退化，花药瘦瘪，花粉活力降低，受害的程度随温度升高和持续时间延长而加剧。当气温超过38℃

时，雄穗不能开花，散粉受阻。高温还影响玉米雌穗的发育，致使雌穗各部位分化异常，延缓雌穗吐丝，造成雌雄不协调、授粉结实不良、灌浆期籽粒败育、瘦瘪，甚至到后期败育粒发展成为穗腐。

（二）花期高温对玉米叶片生理机制的影响

花期高温穗位叶光合速率下降，耐热型玉米下降幅度较小，一般在 5%～10%，热敏感型玉米下降幅度大，一般下降超过 10%；高温使耐热型玉米抗氧化酶活性（SOD、POD 和 CAT 活性）提高，高温使热敏感型玉米 CAT 活性降低，丙二醛 MDA 含量提高幅度大（赵龙飞等，2012）。

（三）花期高温对玉米根系活力的影响

花期高温显著降低了热敏感型玉米根系活力，而耐热型玉米根系活力显著提高（赵龙飞等，2012）。

（四）花期高温对玉米雌雄间隔期的影响

花期高温处理延长了 2 个供试基因型的抽雄吐丝间隔期，在基因型间存在明显差异。热敏感基因型'驻玉 309'雌雄间隔期较对照延长 2.7 天；耐热基因型'浚单 20'雌雄间隔期较对照延长 1 天，均与对照差异显著。表明高温胁迫对耐热基因型抽雄吐丝间隔期（ASI）的影响小于热敏感基因型（赵龙飞等，2012）。

（五）高温热害对各时期大田玉米的影响

2019 年 7 月大部分夏玉米产区出现了持续 35℃以上高温天气，且部分区域持续无有效降水，部分区域出现了高温极值，最高气温已突破 40℃。7—8 月，夏玉米大多处于大喇叭口期至灌浆期，乳熟期间，这种持续的高温干旱对正常生长影响很大，调查田间各时期玉米出现了以下异常情况：

5 月下旬至 6 月上旬播种的玉米，当持续时间长的极端高温干旱气候到来时，大部分处于抽雄散粉至鼓粒发泡的时期，此时高温主要影响正常授粉以及授粉后籽粒正常灌浆，超过 30℃就会造成花粉活力降低，温度越高，降低幅度越大，高温持续时间越长，花粉活力越低，小花受精率和结实率降低（降志兵等，2016），田间主要表现为果穗花粒、灌浆期籽粒败育等情况。高温范围扩大时，花粒的受灾范围会更大，除了花粒还会出现籽粒败育情况，因地块、田间管理、发育进程的不同，败育严重程度有差异。如果受高温干旱影响严重，败育籽粒灌浆会很快停止，呈水泡状，到后期败育粒可能会逐渐变质、霉烂，对总体产量、粮食品质和售卖影响很大。

　　6月上旬至中旬播种的玉米，当极端高温干旱气候到来时，大部分处于抽雄散粉时期，此时高温主要影响正常授粉以及授粉后籽粒灌浆，田间主要表现为整穗花粒或底部籽粒授粉不良等情况（下图），和上年花粒的受灾情况相似。因地块、管理、发育进程的不同，花粒程度略有差异。

散粉期玉米受高温影响出现花粒或底部缺粒情况

　　6月下旬播种的玉米，生育进程偏晚，当极端的高温干旱气候到来时，大部分处于拔节期至大喇叭口期，此时高温影响的主要是孕穗期果穗的正常分化，使雌穗果穗各部分生长分化不同步、不协调。后期的田间主要表现为玉米短苞叶、长箭叶、畸形穗，甚至空秆。

四、预防高温危害的栽培技术

（一）调整播期

要研究本地区常年最高温时段发生的频率，通过调整播种期让吐丝开花期错开高温天气。

（二）要选择耐高温的稳产品种

浚单 20、津农 5 号、津夏 7 号、本玉 12 号、豫玉 15 号。

（三）要搞好品种搭配种植

主要通过混播或间作来减轻高温热害的影响，实际种植过程中应该注意以下几个方面：一是玉米生育期交叉互补，既要生育期相近，又要相互补充，避免高温天气导致的花期不育而减产或绝收；二是玉米品种的株型、株高类似，以提高作物通风透光能力，增进光合速率，增加作物光合作用需要的二氧化碳含量，从而提高作物产量；三是品种间抗性互补，来实现大田群体的抗性平衡，提高群体抵抗不良自然灾害的能力；四是玉米品种商品粮品质一致，以利于销售；五是玉米品种种子籽粒大小接近，以便于播种。

（四）适当降低密度，采用宽窄行种植

在低密度条件下，个体间争夺水肥的矛盾较小，个体发育健壮，抵御高温伤害的能力较强，能够减轻高温热害。在高密度条件下，采用宽窄行种植有利于改善田间通风透光条件、培育健壮植株，增强对高温伤害的抵御能力。

（五）科学施肥

在肥料运筹上，增加有机肥使用量，重视微肥，尤其是锌肥和硼肥（冯晔等，2008），控制氮肥施用量（董朋飞等，2014），玉米出苗后早施苗肥促壮秆，大喇叭口期至抽雄前主攻穗肥增大穗。另结合灌水，采用以水调肥的办法，加速肥效发挥，改善植株营养状况，增强抗高温能力。高温时期可采用叶面喷肥，既有利于降温增湿，又能补充玉米生长发育需要的水分及营养。

（六）适期喷灌水

高温常伴随着干旱发生，高温期间提前喷灌水，可直接降低田间温度。同时，在灌水后玉米植株获得充足的水分，蒸腾作用增强，使冠层温度降低，从而有效降低高温胁迫程度，也可以部分减少高温引起的呼吸消耗，减免高温热害。有条件的可利用喷灌将水直接喷洒在叶片上，降温幅度 1~3℃。

（七）无人机辅助授粉，提高结实率

在高温干旱期间，玉米的自然散粉、授粉和受精结实能力均有所下降，如果在开花散粉期遇到 35℃ 以上持续高温天气，建议采用无人机辅助授粉，减轻高温对玉米授粉受精过程的影响，提高结实率。一般在上午 8 时至 10 时采集新鲜花粉，用自制授粉器给花丝授粉，花粉要随采随用。制种田采用该方法增产效果显著。

第三节　玉米淹渍涝害

一、什么是玉米苗期渍涝

玉米苗期渍涝是指玉米第三叶展开到玉米拔节这段时期发生的渍涝，当玉米苗期土壤含水量达到最大持水量的 90% 时就会形成明显的渍害。

二、产生玉米苗期渍涝的原因

渍害主要是由于地面排水和土壤透水能力不强，使土壤过度浸泡而导致植物的损害、死亡和严重减产；而涝害就是因雨水过多造成积水和地面受淹导致的直接灾害。

三、涝渍灾害对玉米的影响

玉米种子吸水膨胀和主根开始伸长时对渍涝灾害最敏感，黄淮海地区夏玉米播种时日平均温度一般在 25℃ 左右，如果播种后遇到连阴雨天气，很容易发生渍涝灾害，造成出苗不齐和缺苗断垄。玉米出苗以后，抗渍涝的能力逐步加强，但渍涝发生越早，其危害性就越大。玉米抽雄前后，土壤湿度大于 90% 时才会影响玉米的正常生长发育。玉米灌浆期由于玉米根系、植株发育的完善及温度的降低，玉米耐渍涝能力较强，一般不会造成明显减产。

夏季，是一年中雨水最集中的季节，加上温度偏高，给玉米等作物的生长带来有利条件。但是，往往由于雨水过于集中容易造成涝害，玉米是需水量大但又不耐涝的作物。当土壤湿度超过最大持水量80%以上时，玉米就发育不良，尤其在玉米苗期表现更为明显。玉米种子萌发后，淹水后，幼苗的根干重、根总长度、根系活力均明显下降，随着淹水天数增加，下降幅度增大，品种间存在差异，涝害发生的越早受害越重，淹水时间越长受害越重，淹水越深减产越重（僧珊珊等，2012；陈国平等，1989）。被淹时间每增加一天，就会减产5%；被淹一周会严重影响玉米产量，减产50%；被淹两周以上，玉米基本绝产。玉米出现涝渍害以后应尽快采取补救措施，将损失降至最低程度。

淹水条件下叶片生长受到抑制，玉米叶面积、叶龄指数和可见叶片数均显著下降，淹水条件下玉米幼苗的光合性能下降，光合色素总含量降低，气孔限制是淹水7天植株光合速率下降的主要因素，而非气孔限在轻度淹水情况下，在淹水7天左右，开始有不定根出现，在淹水12天左右生成大量不定根，并伸向水面出现翻根现象，这是玉米在长期淹水逆境下自身的一种适应性（li et al.，1991），这些不定根能够代替窒息死亡根系的部分功能，并具有更多的气腔，保障玉米在淹水逆境下能够继续生存。然而这些不定根一旦离开水面，很快干枯死亡，结束自身的功能期（Rai et al.，2004；Wei and Li，2004）。

淹水胁迫下由于供氧不足或缺氧会引起植株体内酒精发酵产生乙醇的毒害作用，导致有毒代谢物的积累、氰苷的水解引发细胞质内的酸毒症（Panda et al.，2008）。缺氧使细胞内能荷急剧下降，影响了植物体内许多重要的代谢过程。低氧环境中的植物根系需要糖酵解提供能量，诱导产生了许多参与无氧呼吸的酶（Zeng et al.，1998），包括丙酮酸脱羧酶 PDC、乙醇脱氢酶 ADH（Lazlo and St Lawrence，1983）和 乳酸脱氢酶（Hoffman et al.，1986）等，3 种酶活的适度诱导可以维持厌氧植株的乳酸发酵过程，与乙醇发酵一起在不损失碳的情况下维持植物体内的氧化还原平衡，3 种酶在防止其对植物的毒害作用方面起到了重要的作用。发酵代谢产物（乳酸和乙醇）积累的过多会扰乱细胞正常代谢（Vodnik et al., 2009）。细胞质酸中毒是细胞停止生长的主要原因，最后会引起细胞死亡（Sairam et al., 2009）。另外乙醇也会对受到淹水胁迫的植物细胞造成额外的伤害。

四、提高抗涝性预防性技术措施

由于渍涝灾害给农作物的生长带来了巨大的危害，因此可以通过各种方法提高其抗涝性，减轻涝害伤害。

（一）选择和选育耐涝性强的玉米品种

如：浚单 20。

（二）采用垄作栽培减轻涝害

五、玉米被淹急救措施

（一）扶正植株

雨后及时扶起倒伏的玉米，起土培墩，应尽量不损伤新生出的气生根，并注意清除叶面泥沙，并起垄壅脚。

（二）排水降渍

对未倒伏的田块，受淹玉米田应及时开沟清淤，排除田间积水，降低地下水位，降低土壤湿度，达到能排、能降的目的，同时要适时培土，并进行田间清洁工作，做好施肥补救。

（三）中耕松土

降水后地面泛白时要及时中耕松土，破除土壤板结，促进土壤散墒透气，改善根际环境，促进根系生长。倒伏的玉米苗，应及时扶正，壅根培土。

（四）除草追肥

在玉米拔节前，喷施含甲基磺草酮类成分的茎叶除草剂，清除杂草，防止雨后草荒。药液浓度宜稀，防止药液浓度过高伤苗。于下午喷药，防止因高温水分散失快而导致的药液浓度过高伤苗。在喷施时，需注意要顺玉米行间喷洒，做到不漏喷不重喷。

对排干渍水的田块，选择晴天增施氮肥，促玉米恢复正常生长。淹水后黏土土壤最好施用过氧尿素等增氧肥料，增强土壤中氧含量，防止玉米根系腐烂，对阴雨寡照日数多的地块，增施氮肥可提高绿度，促进光合作用，可以减轻受涝后的氮饥饿。亩施氮肥或复混肥10~15千克，适量补施磷、钾素和微肥。促进玉米恢复生长，降低产量损失。在排出田间明水后，于玉米行间追施尿素，亩用量5千克左右。也可喷施黄腐酸类等生长促进剂，促进玉米根系生长，提高抗逆能力。

（五）加强病虫害防治

涝后易发生各种病虫害如大小斑病及玉米螟等。喷施叶面肥时，可同时进行病虫害防治。防治纹枯病可用井冈霉素或多菌灵喷雾，喷药时要重点喷果穗以下的茎叶。防治大小斑病可用百菌清或甲基托布津，7~10天一次，连续2~3次。防治玉米螟应在拔节至喇叭口期用杀虫双水剂配成毒土或用20%氯虫苯甲酰胺兑水喷雾。

（六）翻犁补种

对灾情严重，确无补救希望的田块，要及时进行翻犁补种，弥补灾害造成的损失。可选择种植一些速生叶菜，如鸡毛菜、小青菜等。翻犁补种的田块，要抢时早播，增施磷肥，加强管理，促进提早成熟。玉米遭受洪涝灾害后，由于田间积水，土壤、空气湿度较高，加之玉米受损后抗性弱，易发生病害。要及时清洗叶片泥土，用多菌灵、甲基托布津等杀菌剂喷雾防治。对于亩留苗大于4 500株且长势较旺的地块，在玉米9片叶时（拔节前）喷施乙烯利类化控剂，防止后期倒伏。

第四章　非生物胁迫——阴雨寡照和早衰

第一节　阴雨寡照

玉米是喜光作物，光饱和点远远超过其他粮食作物，全生育期都需要充足的光照。但玉米生长发育过程中常遭遇低温阴雨、光照不足的天气，直接限制了其光合生产能力，不但使生长发育受到不同程度影响，而且也会导致产量降低。黄淮海地区是我国夏玉米主产区，玉米生长期常遇到阴雨寡照天气，严重影响玉米生长发育和产量形成（金之庆等，1996；郑洪建等，2001）。如何有效适应阴雨寡照天气，实现玉米的高产稳产，是玉米生产实践特别需要注意的问题。

一、遮阴条件下环境的变化和玉米的生长发育

（一）遮阴条件下环境的变化

遮阴会引起光强、光质、空气温湿度和土壤温度等生态环境因子的变化。玉米在不同遮阴程度下，不仅降低了光子通量，光质也发生了变化，随遮阴程度加大，光强降低。对光合作用有效可见光的波长为 400~700 纳米，其中红光（600~700 纳米）和蓝光（400~500 纳米）对光合作用、光形态建成和叶绿素合成起关键性作用，远红光（700~800 纳米）影响光形态建成，不同遮阴条件下的红光、蓝光和远红光的比例有显著差异。随着遮阴程度的加大，总光辐射中蓝光的比例上升，而红光的比例下降（陈煜等，2006）。遮阴改变了表层土壤和空气温度。其正午的温度较全光照低，傍晚和黎明的

温度较全光照高（Vodnik et al.，2009），遮阴阻碍了空气流通，使小环境的相对湿度增加（Bell and Danneberger，1999）。

（二）遮阴条件下玉米的生长发育和形态建成

光是玉米生长的能量来源，遮阴引起的光强减弱、光质变化直接影响了玉米的生长发育。普遍认为生长期间光合有效辐射的水平可以显著地改变叶片的形态学、解剖学、生理生化等方面的性能（Ward and Woolhouse，1986）。遮阴可以促使玉米的叶片变得细长，叶面积增大，叶比重下降。50%的遮阴和全光照的对比，玉米的叶片长度增加了28%。遮阴减缓了玉米的生长和缩短了主要节间的长度。Struik（1983）研究认为，早期遮光显著地降低了植株高度，遮光开始越晚降低越少。遮阴可使玉米幼苗新叶出生速率显著下降。李潮海等（2005）研究得出，苗期和穗期遮光均使玉米叶片出叶速度变缓。苗期遮光主要影响4~9片叶，其平均出叶速度比对照慢0.34天。但苗期遮光并不仅仅影响前9片叶的出叶速度，第10~19片叶的平均出叶速度也比对照慢0.28天。穗期遮光主要影响玉米第10~19片叶，其穗期的平均出叶速度比对照慢0.78天。不同基因型玉米出叶速度受遮光影响不同，如苗期遮光处理'掖单22'和'豫玉2号'的出叶速度比对照平均减缓了0.11天，而'掖单3638'和'丹玉13'分别减缓0.32天和0.47天；穗期遮光处理前两个品种的出叶速度分别延缓0.26天和0.37天，而后两个品种分别延缓0.37天和0.63天。但遮光对最终的叶片数目没有影响。遮阴可以阻碍玉米的根系生长。营养生长阶段遮光影响了叶面积、株高、茎粗及生殖器官的发育，最终也影响了干物质产量和品质（李双顺和孙谷畴，1986），夏玉米生长期内光照不足影响产量形成，改变植株形态，通过降低基部节间长度、粗度、穿刺强度和茎秆硬皮组织厚度，减少维管束数目，降低茎秆抗倒伏性能，且花前遮阴对田间倒伏率的影响大于花后遮阴（崔海岩等，2012）。遮阴可缩短玉米叶片的功能期，加速叶片衰老（李潮海等，2005）。

　　玉米开花前遮光延迟了抽雄和吐丝日期，若遮光时间较长，吐丝将比散粉推迟更多，从而造成花期不遇（Struik，1983），但推迟的多少随不同的处理和基因型不同而不同，弱光胁迫下，在吐丝期不耐阴型玉米花粉量比对照显著增加，耐阴型玉米花粉量与对照差异较小；不耐阴型玉米花粉表面网纹在弱光胁迫下变粗且间隙增大，花粉萌发孔及其附近严重畸形，有的明显内陷，花粉内淀粉粒数目显著减少，营养供应能力减弱，耐阴型玉米在弱光胁迫下花粉表面网纹略有加粗或没有变化，萌发孔略微凹陷且程度远低于不耐阴型玉米，花粉中淀粉粒密度略有降低。遮光处理后，不耐阴型玉米的花粉活力、花粉萌发率和萌发速率表现为下降，而耐阴型玉米表现为上升（周卫霞，2013）。另外，遮光减少了每株玉米有生产能力雌穗的数目。吐丝期进行遮光对顶穗大小和籽粒数目有显著的影响。Uedas（1981）研究遮阴对青贮玉米产量的影响，试验分早、中、晚三个时期遮阴，结果表明随遮阴程度的加大，产量下降得越多，早期遮阴对产量影响轻，中期遮阴对产量影响最重，晚期遮阴对产量影响相对较轻。吐丝期之前已经结束的短期遮光对穗长影响不大。吐丝期之后的遮光对穗长和穗粒数无显著影响（Struik，1983）。但也有相反的结论，有研究发现，在玉米授粉后的第 1~2 周遮阴对玉米的籽粒数影响最大，这个时期是玉米籽粒对遮阴的敏感期，严重限制了顶端胚乳细胞的数量，即使遮阴解除后也不能弥补。赫忠友和谭树义（1998）研究表明，玉米的雄穗发育时期对弱光照非常敏感，弱光可导致雄穗育性退化，退化程度因光强大小而异。

　　总之，遮阴玉米穗长和穗粒数减少，不耐阴型玉米受弱光胁迫影响的程度高于耐阴型玉米。雌雄间隔期延长、营养供应能力减弱导致的花粉畸形、花丝生长速率和可授粉花丝数目的减少以及籽粒吲哚乙酸含量的下降和脱落酸含量的增加是弱光条件下玉米穗粒数显著减少的主要原因。

（三）遮阴条件下的生理响应

1. 酶系统和膜脂过氧化

植物在逆境胁迫下，细胞会产生过量的自由基，引发膜脂过氧化作用，造成膜系统的伤害。轻度遮阴能缓解强光造成的膜脂过氧化，表现较强的超氧化物歧化酶、过氧化物酶活性，而遮阴程度重时，超氧化物歧化酶、过氧化物酶活性下降，丙二醛的含量上升（芦站根等，2003）。玉米遮阴也会导致与光合相关的酶发生一系列的变化。如 RuBP 羧化酶的活性在弱光下急剧下降，并且其活性下降的速率远远大于可溶性蛋白的降解速率，由遮光引起的玉米最大光合速率与 PEP 羧化酶活性下降的关系比与 RuBP 羧化酶的关系更为密切（Ward and Woolhouse，1986），除了 RuBP 羧化酶，其他光合酶活性均降低，其下降程度与最大光合速率的下降相似。弱光下碳水化合物供应减少，硝酸还原酶活性下降（关义新和林葆，2000）。

2. 物质代谢变化

（1）碳、氮代谢。遮阴条件下，植物叶片合成碳水化合物的能力下降，可溶性糖的含量降低（姜丹等，2005）。在遮阴下玉米对营养元素 N、P、K、Ca、Mg 的利用率降低。遮阴条件下，叶片光合物质积累减少，但氮素含量上升，光氮的交互作用影响了草地早熟禾的碳氮代谢，高、低光照下随着施氮量的增加，糖的含量呈先下降后上升的趋势，但不同品种出现的转折点不同，弱光条件下早熟禾在较低的供氮水平下具有较高氮素同化能力。光照不足时可溶性蛋白合成受阻（周兴元等 2003）。

（2）色素含量。遮阴处理下叶绿素含量下降。李潮海等（2005）等研究表明，遮阴使玉米的叶绿素 a 含量下降显著，叶绿素 b 含量下降较少，导致叶绿素 a/b 值减小。叶绿素 a/b 随遮阴程度的加大而不断下降（范彦和周寿荣，1999；Bell et al.，2000），也有专家在抽雄前 3 天遮阴，在吐丝后 20 天恢复自然光照，发现叶绿素 a 含量显著下降，叶绿素 b 含量上升（宋航等，2017）。因此，叶绿素 a/b 值可用来作为植物耐阴性的指标。在强光条件下，植物可通过叶黄素循环来消耗过多的能量，以减弱过多的光能对光合机构的损坏，防止植物受害。随着光强的降低，叶黄素总量降低，玉米黄质向色素紫黄质转变，总的紫黄质含量下降，所以色素紫黄质含量也可以作为反映植物耐阴程度的指标（Bell and Danneberger，1999）。光质的改变影响了植物光敏色素的形成，研究表明，一种信号转导调节基因（*ATHB-2*），随着红光和远红光的变化来影响光敏色素蛋白的合成。远红光促进 *ATHB-2* 的表达，而红光相反，红光使 *ATHB-2* 的 mRNA 水平下降（Morelli and Ruberti，2000）。增施氮肥可以提高光合色素含量进而增强光合作用，弱光胁迫下，随施氮量的增加，叶绿素 a、叶绿素 b 和叶绿素总含量均得到提高（宋航等，2017）。光合色素中的叶绿素 a 的吸收带偏向长波光方面，叶绿素 b 吸收短波蓝紫光的能力较强，在阴天光谱中的蓝光等短波长比例增加（刘贤德等，2006），遮光下叶绿素 b 含量的提高有利于叶片对蓝紫光的吸收，使叶片可以充分利用光能，是玉米适应弱光胁迫的自我调节方式。

3. 光合生理变化

光合作用是一切植物直接的能量来源，是其正常生命活动的基本功能。光合速率依赖于气孔和叶肉导度，遮阴降低了到达叶片的光量子通量密度（周兴元等，2003；张庆费等，2000）。随着光照减弱，玉米叶片的气孔阻力下降，叶温降低，羧化效率降低，气孔导度也有所降低，胞间二氧化碳浓度增加，二氧化碳补偿点提高，光饱和点下降，蒸腾速率和光合速率下降。遮阴处理下，玉米穗位叶的表观光合速率显著降低，研究表明，在自然光照条件下，叶片的二氧化碳交换速率比遮阴条件下高，气孔密度比遮阴条件下高，在遮阴的条件下玉米的光合能力下降。

（四）弱光胁迫对玉米根系的影响

1. 弱光胁迫使根系活力减弱

根系伤流量可在一定程度上反映根生理活性的强弱，可对地上部的生长发育产生影响。随着弱光胁迫程度的加重，玉米根系伤流量逐渐减小。花粒期的遮阴显著降低了玉米根干重、根冠比、根长密度、根系总吸收面积和活跃吸收面积，而增光处理则有利于玉米根系的健壮生长和根系活力提高，根系总吸收面积和活跃吸收面积显著增加，这有助于植株从土壤中吸收更多的水分和养分来促进地上部的生长。在中度弱光胁迫条件下玉米根系活力有所升高，但在重度弱光条件下，根系活力开始下降，表明适度弱光胁迫能使植物调节自身，在一定程度上增强根系活力，而重度弱光胁迫超出了根系的自我调节范围，使其有所下降，但耐阴型品种仍高于不耐阴型品种。从茎基部收集的伤流液的量可以代表整个植株的根系生理活性，随着弱光胁迫程度的加重，伤流量逐渐减少，说明整个植株的根系生理活性逐渐降低，这与弱光胁迫下根系生物量减少有关（牛丽等，2019）。

2. 弱光胁迫打破了根细胞内抗氧化系统的平衡

活性氧是在植物细胞有氧代谢中产生的有毒副产物，将直接造成膜脂过氧化，同时也是激活胁迫响应和防御途径的信号物质之一。在胁迫条件下，过量积累的活性氧会氧化膜脂中的多元不饱和脂肪酸，其产物是丙二醛，丙二醛可与酶蛋白发生链式聚合反应，导致膜的透性增加，使膜系统遭到破坏，从而导致离子通道、膜蛋白和相关酶受到影响和损伤，所以丙二醛含量可以用来判断脂质受损伤的程度（孙福等，2012）。

随着弱光胁迫强度的增加，玉米根系中的丙二醛、脯氨酸、可溶性蛋白和可溶性糖含量均表现出增加的趋势，这与盐胁迫对玉米萌发期根中游离脯氨酸、可溶性糖和可溶性蛋白含量的影响趋势相一致（王征宏等，2013）。

氧化胁迫在生物和非生物胁迫下被激活，导致活性氧大量产生。同时植物具有有效的抗氧化酶和非酶防御系统，以应付活性氧诱导的氧化损伤（Ashraf et al.，2015）。为了控制活性氧的水平，植物将会产生一系列清除活性氧的酶以及非酶抗氧化剂，超氧化物歧化酶、过氧化氢酶、过氧化物酶、抗坏血酸过氧化物酶和谷胱甘肽还原酶都是清除活性氧的关键酶（Gill and Tuteja，2010）。谷胱甘肽还原酶也是抗坏血酸—谷胱甘肽循环过程中的关键酶，通过维持谷胱甘肽含量的稳定从而在抗氧化防御系统中发挥关键作用（Shu et al.，2011）。玉米幼苗根系中的超氧化物歧化酶、过氧化物酶、过氧化氢酶、抗坏血酸过氧化物酶和谷胱甘肽还原酶的活性随着弱光程度的增加有升高的趋势，抗坏血酸和谷胱甘肽含量也随着弱光程度增加而呈现增加趋势。

二、应对弱光寡照玉米种植技术

（一）种植耐阴性强的玉米品种

俊达 001、郑单 958、郑单 23、隆平 206、蠡玉 16、伟科 02、豫禾 988、郑黄糯 2 号、浚单 20。

（二）根据前茬茬口情况，推行大小行种植

大行 0.8 米、小行 0.4 米，或大行 0.9 米、小行 0.3 米。

（三）适当增施氮肥

每亩施用 15 千克尿素或喷施 1%尿素溶液。

第二节 早衰

早衰是制约玉米高产稳产的重要因素。通常所说的早衰多指玉米在灌浆乳熟阶段由于受外界条件胁迫植株叶片枯萎黄化、果穗苞叶松散下垂、茎秆基部变软易折、根系枯萎、百粒重降低造成的减产现象，早衰可使玉米减产 20% 以上（汪仁等，2009），一般多发生在壤土、沙壤土或种植密度较大的田块（吕阳芹，2014）。

一、早衰的表现

玉米衰老是受内外因素控制的细胞有序降解并最终导致死亡的过程，其最明显的外观标志是叶片由绿变黄，直至枯亡。叶片衰老

首先从基部叶片开始，之后向上部叶片发展，再到中部叶片（罗瑶年和张建华，1994）。叶片衰老的变化过程基本上与根系的衰老相对应。在细胞水平上衰老表现为叶绿体解体，叶绿素含量下降，蛋白质等多种内容物释放，光合磷酸化能力降低，膜脂过氧化加剧，游离氨基酸积累，腐胺含量上升而精胺含量下降，细胞分裂素含量下降，脱落酸含量上升，多种酶活性改变等。

二、发病原因

引发玉米早衰的原因既有遗传因素，同时也有栽培措施和外界环境条件的影响，主要有如下 6 个方面。

（一）品种因素

研究和生产实践表明，不同玉米品种抗衰老能力有所差异。刘开昌等（2009）选用我国 75 个常用不同基因型玉米自交系，对其叶片保绿性进行了研究，结果表明，不同基因型玉米自交系抽丝后叶片保绿度的衰减进程不一，可区分为保绿型自交系和非保绿型自交系两大类型，而非保绿型自交系还可分为植株叶片衰老较快型与植株叶片衰老较慢型两个亚类。童淑媛等（2009）研究发现，紧凑型玉米'郑单958'和平展型玉米'农大364'籽粒成熟期间叶片衰老存在差异，'农大364'在灌浆后半阶段叶片的衰老速度明显高于'郑单958'，这可能是引起两个品种单株产量差异的主要原因。不同玉米品种这种抗早衰差异，一方面可能是由其遗传因素决定的，另一方面，品种间的抗病性、抗逆能力的差异也会导致其抗早衰能力有所差异（Gentinetta et al.，2002）。因此选择抗病性好、适应能力强的品种可以有效防止早衰的发生。

（二）土壤因素

合理的土壤结构是作物正常生长的基础条件之一，土壤物理性状好，有利于作物生长，反之土壤板结，通透性不好，作物就不能正常生长。近年来，由于土地的分散经营，大型动力及机具在生产上的应用急剧下降，机械化深翻、深松作业面积越来越少，长年采用小型动力作业，耕作层浅，犁底层加厚，使玉米生产受到严重影响（王立春等，2008；钟武云，2009）。土壤通气状况直接影响着氧气的供应，进而影响着根系的生长及吸收能力，在有利于氧气扩散的土壤中，根的密度、根重明显增加（梁宗锁等，2000）。通气性好的土壤，根系发达，根活力提高，地上部光合面积增大，光能利用率高，增产幅度可达 9.3%~14.3%（李连等，1993）。在施肥水平较高的条件下，决定玉米生长发育和产量的主要因素是土壤通气状况的好坏，而不是土壤养分的多少（王忠孝，1999）。由于多年来翻耕次数减少或不翻，加之大量施用化学肥料，造成土壤板结，土壤通透性不良，从而使土壤养分运行受阻，作物根系呼吸受限，造成根部早衰死亡，导致整个植株早衰。另外，不同土壤质地作物根系伸展程度、根系活力大小表现不同。研究表明，玉米根条数、根干重在不同质地土壤中的表现依次为：沙壤 > 壤土 > 黏土（吴远彬，1999）。在黏壤地上试验表明，黏壤地上免耕，玉米生长延迟，产量降低，主要是土壤微团粒结构比例低、容重大、土壤水分和空气穿透阻力增大等原因。李潮海等（2007）认为土壤质地对玉米生育后期衰老有较大影响，不同质地土壤上玉米生育后期的过氧化物酶活性、叶面积和丙二醛含量变化不同，中壤玉米叶面积和过氧化物酶活性保持在较高水平，沙壤则较低，而丙二醛含量沙壤则最大，中壤最小。

（三）种植密度

玉米产量在一定范围内随密度增加而提高，合理密植可使群体和个体发展协调，产量显著提高。玉米种植的最适密度因生态条件、肥力水平、品种、栽培措施以及耕种方式等不同而有所差异（杜天庆和郝建平，2000）。如果片面强调高密度容易使群体与个体出现不协调，出现倒伏和早衰等现象，最终导致减产。张中东等（2004）研究了不同密度处理对紧凑型玉米'农大 486'叶片生长发育的影响，结果表明，吐丝至成熟期，'农大 486'叶面积衰亡速率随密度升高而加快，同时随密度增加，穗位叶叶绿素含量提前下降，光合能力降低出现早衰。吕丽华等（2008）研究了不同种植密度下的夏玉米冠层结构及光合特性，结果表明，冠层内透光率、叶夹角、茎粗、叶绿素相对含量和净光合速率均随着密度的增加而降低；生育后期高密度下叶面积系数下降较为迅速，而中或低密度下叶面积发展动态较为合理，尤其中上层叶片叶面积系数高值持续期较长。马超等（2010）也报道了随着种植密度增大，果穗叶光能转化和自身保护酶系活性下降，光合生产能力减弱，造成果穗叶生理功能早衰，缩短了叶片功能期。密度过大，恶化了玉米冠层中下部叶层的光照条件，降低群体光合能力，造成生育后期叶片提早衰老。只有密度适宜，才能构建合理的冠层结构，从而减少生长后期发生早衰的可能性，提高冠层的光合性能，最终提高产量。

（四）养分失调因素

玉米是喜肥作物，合理施肥可以促进产量提高，反之，如果养分失调，将影响植株个体发育，引发早衰。施肥量不当以及施肥种类、施肥时期及肥料配比不合理等均可能导致养分失调。氮素对玉米器官建成具有重要作用。何萍等经过试验提出，氮肥用量不足或过量均加速了生长后期叶面积系数及穗叶叶绿素含量的下降进程，使叶片提早衰老，但二者作用机制不同，供氮不足可导致营养体氮素外运过多而引起叶片提早衰老，而过量供氮则由于营养体氮素代谢过旺，消耗了大量碳水化合物，以致下位叶不能得到充足的碳水化合物供应而提早脱落（何萍等，1998）。刘艳等（2011）研究了氮肥不同施用时期下春玉米的早衰特性，结果表明，合理的增加追肥次数能提高穗粒数和千粒重，进而提高玉米的籽粒产量。当氮肥分别在基施、拔节期与大喇叭口期1：3：1施用时，春玉米生育后期的穗位叶叶绿素含量和超氧化物歧化酶活性较一次性基施有不同程度的提高，而叶片形态指标和丙二醛含量却降低，有效地延缓了玉米的衰老。试验及生产实践表明，有机肥和无机肥并重，氮、磷、钾肥及微肥配合施用等施肥方法对提高玉米产量及有效防止早衰具有重要作用。李忠芳等（2009）对我国22个长期试验点5种施肥模式下的玉米产量可持续性进行了研究，结果表明，氮磷钾肥配施与氮磷钾和有机肥配施，玉米产量高，持续性好。汪仁等（2010）通过试验证明，适量施用有机肥可以提高春玉米生育后期叶片保护酶活性，防止或延缓春玉米的衰老。邢月华等（2010）于2005年对辽宁省玉米主产区农田土壤施肥状况进行了调查，认为玉米养分管理中存在有机肥用量较低，磷、钾肥养分施用量不足，氮磷钾施用比例不合理，磷、钾肥的比例相对偏低等问题。由此可见，要想防止玉米早衰，提高玉米产量，必须从玉米需肥特点、肥料特点、玉米计划产量及土壤丰、缺情况等多方面综合考虑，按需施肥、科学施肥。

（五）病虫害因素

病虫害是影响作物生长的直接因素，对玉米早衰有很大影响。玉米螟是玉米的主要害虫之一，玉米螟的为害也是造成玉米早衰的一个主要因素，原因是由于玉米螟在玉米植株上产生蛀空，特别是在穗位以上产生蛀空，使玉米植株生长发育需求的养分无法输送，最终造成早衰；红蜘蛛的严重为害可造成玉米早衰。段玉玺等（2001）对10个玉米自交系早衰与根际线虫群体变化的相关性进行了研究，结果发现，植物内寄生线虫——短体线虫的种群数量与玉米早衰病的发生呈正相关。此外，大斑病、纹枯病也是辽宁玉米生产上常见的主要叶部病害，一旦发病，玉米叶片迅速枯黄衰落，对产量有较大影响。

玉米发生病害时，叶片及茎秆局部正常生长受阻，细胞坏死，不能正常进行光合作用，作物体内养分合成减少，从而引发早衰。史振声等（2009）通过试验研究后认为茎腐病是引起辽宁地区玉米早衰的主要病害，他们还进一步指出，玉米茎腐病发病率与播期之间有密切关系，早播比适时晚播的茎腐病发病率平均高出3.91倍，最高达23.3倍；长期施用农家肥、前期生长旺盛的地块茎腐病发病率呈数倍或数十倍增加，刘可杰等（2014）接种试验更一步表明玉米茎基腐病病原镰孢菌可以导致玉米早衰，发生率超过

20%，而且对产量的影响明显；不同地区之间发病率有明显差异。

（六）气象因素

玉米生育中后期，低温寡照及大雨过后的强光照、高温多湿等不良气象条件极容易引起玉米早衰。这可能是因为低温、寡照条件下，玉米光合作用减弱，干物质形成减少，但玉米进入生殖生长时期茎叶可溶性物质向生长中心籽粒输送不会停止，从而造成茎叶养分缺乏而早衰（李潮海等，2005）。玉米中后期植株高大，其生长发育过程中必然要消耗大量的水分和养分，而这期间如遇强降雨由于水分过多会造成土壤缺氧，致使根系活力减弱，吸水困难，但植株叶片的蒸腾作用不减，尤其是雨后晴朗高热的天气，叶片消耗的水分更多，更易造成玉米植株生理代谢失调，呼吸消耗量大于光合物质积累量，作物体内营养出现逆差，下部叶片急剧枯萎死亡。同时大量降水还会促进病原菌的萌发侵染，加重早衰。

三、预防措施

（一）选择适应性好、抗逆性强的品种

根据当地的气候、地力条件等选择适宜当地的品种，如郑单958、登海 605 和浚单 20 等。

（二）药剂拌种

使用杀虫剂和杀菌剂组合拌种，既可以防治地下害虫又可以杀灭部分茎基腐病病原镰孢菌，降低茎腐病发病率。

（三）适时播种

辽宁省春旱较为严重，长期以来，提早播种、抢墒保苗的现象非常普遍。特别是辽西北半干旱区每年 4 月中旬就开始抢墒播种。然而试验和生产实践表明，大多数品种 4 月 20 日以后播种即可，而早熟品种 4 月末至 5 月中旬以前播种即可。过早播种，病害加重，往往容易发生早衰，最终导致产量降低（聂居超等，2010；陈丽华，2011）。

（四）构建合理高产群体，合理密植

密度因品种特性、区域栽培条件等有所差异，应通过多年多点试验后确定，对有些群体过旺玉米在 8~10 叶期喷施植物生长调节剂金得乐、国光矮丰或乙矮合剂（卢霖等，2015）等控制旺长。大小行种植、扩行缩株模式更有利于密植型品种产量潜力的发挥（刘志新，2009）。等行距 60 厘米种植模式下，平展型品种栽培密度以 3.9 万~5.7 万株/公顷为宜，半紧凑型品种以 5.7 万株/公顷为宜，紧凑型品种以 6.75 万株/公顷为宜（张宇等，2010）；大小行或扩行缩株种植模式下，半紧凑型品种以 6.75 万~7.5 万株/公顷，紧凑型品种以 7.5 万~8.25 万株/公顷为宜。

（五）实行轮作

避免连作。生产中玉米连作非常普遍，严重重茬使土壤中某些养分极度亏缺，特别是微量元素更为敏感，这就给作物正常生长带来阻力，因而产生早衰。多年连作还会使土壤中积累大量的镰刀菌、腐霉菌和全蚀病菌，加重病害，影响作物正常生长。只有倒茬轮作，改善玉米生长小环境，才能有利于玉米正常生长。

（六）隔年深松，打破犁底层

当前各大玉米主产区均存在着耕层浅、犁底层深厚等限制根系发育的问题。研究和实践证明，通过深松可有效打破犁底层，降低土层容重，增加土壤通透性，提高接纳雨水的能力，使土壤微生物数量、微生物碳、氮和土壤酶活性明显增加，改善土壤微环境，为地下根系生长发育营造一个良好的空间环境，进而可有效防止玉米早衰的发生（陈喜凤等，2011；徐航等，2000）。

（七）合理培肥

创建高产土壤。培肥土壤是提高玉米单产、有效防止早衰的基本途径之一，它不仅能增加土壤养分数量，同时对改善土壤结构也有很重要的作用。培肥土壤的主要措施有增加有机物料施用量、合理施用控释肥料和增施一定量的钾肥等，尤其是土壤中明显缺少某些营养元素的地区，一定要采取测土配方施肥。

（八）加强对玉米病虫害的防治

1. 主要害虫

（1）玉米螟。在玉米螟防治上宜采用生物防治与化学防治相结合的方法进行综合防治，其方法是：先用释放赤眼蜂的方法进行生物防治，如气候条件对生物防治不利或防治效果差时，及时喷施高效杀虫剂进行化学防治。

（2）红蜘蛛。及时清除田边地头杂草，消灭早期叶螨栖息场所。点片发生时，选用来福禄（10毫升兑水20千克/亩）、哒螨灵、噻螨酮、克螨特、阿维菌素等喷雾或合理混配喷施，重点喷洒田块周边玉米植株中下部叶片背面，田边地头的杂草也要一同喷洒；加入尿素水、黏着剂等可起到恢复叶片、提高防效的作用；在夜晚用烟雾发生机进行熏杀，推荐药剂：炔螨特乳油、克螨特乳油或者阿维炔螨特与柴油1∶3混合使用进行熏杀。

在地块四周进行药剂喷雾建立封锁带，防止玉米红蜘蛛从地的四周向内部扩展为害，切断红蜘蛛来源是防治的有效途径。摘除玉米下部虫多的叶片，带至田外烧毁。

2. 主要病害——茎基腐病

茎基腐病主要是由基腐病病原镰孢菌引起的，采用拌种和药剂防治的方式进行防治。

采用玉米生物种衣剂（ZSB）按1∶40拌种，或用诱抗剂浸种，或用根保种衣剂等药剂拌种。药剂防治：发病初期用50%多菌灵可湿性粉剂500倍液，或用65%代森锰锌可湿性粉剂500倍液，或用70%百菌清可湿性粉剂800倍液，或用20%三唑酮乳油3 000倍液，或用50%苯菌灵可湿性粉剂1 500倍液喷雾防治。发病中期用98%噁霉灵2 000～3 000倍液灌根。

（九）叶面喷肥

若出现早衰趋势或叶片枯黄可以进行叶面喷肥，快速补给，在开花初期叶面喷施1%尿素溶液+1%磷酸二氢钾溶液等，能够明显延长叶片功能期（黄跃辉，2012）。

第五章 生物逆境——玉米主要病虫草害

随着我国耕作栽培制度改革与品种更新换代、全球气候变暖，玉米病虫为害日趋严重，每年因病虫害造成玉米产量损失为400多万吨，一些新发或次要病虫害，在全国或局部地区为害严重，甚至上升为主要病害。

2003年以来我国玉米病虫害发生一直呈逐年上升趋势。

2011年：5 026.7万公顷次（二点委夜蛾暴发）；2012年：9 505.99万公顷次（二、三代黏虫暴发）；2013年：5 973.7万公顷次（二代黏虫暴发）；2016年：6 957.2万公顷次；2019年：5 808.3万公顷次（草地贪夜蛾）。

第一节 主要病害

一、玉米大斑病

玉米大斑病是世界各玉米产区分布较广、为害较重的玉米病害。在我国，大斑病主要分布于东北、华北春玉米区和南方海拔较高、气温较低的山区。21世纪以来，由于忽视了抗大斑病育种，特别是感病品种'先玉335'

及其衍生品种的大面积种植、病菌生理小种的变异和适宜的气候条件，大斑病多次暴发流行。2003—2004 年，在西南和北方大范围发生，其后又出现连续多年的偏重发生和暴发。2015 年以来，随着生产中抗病品种逐渐替代感病品种，特别是推广了玉米心叶末期施药防控技术，严重为害的局面得到有效控制。由于生产中存在许多感大斑病品种，一旦遇到适宜的发病环境，局部严重发生的情况还将出现。

（一）玉米大斑病症状

该病主要为害玉米的叶片、叶鞘和苞叶，叶片染病先出现水渍状青灰色斑点，然后沿叶脉向两端扩展，形成边缘暗褐色、中央淡褐色或青灰色的大斑。后期病斑常纵裂。严重时病斑融合，叶片变黄枯死。潮湿时病斑上有大量灰黑色霉层。下部叶片先发病。在单基因的抗病品种上表现为褪绿病斑，病斑较小，与叶脉平行，色泽黄绿或淡褐色，周围暗褐色。有些表现为坏死斑。大斑病大范围发病，叶片干枯，如果发病较早，植株会早衰引发倒伏。

（二）玉米大斑病病原

病原为玉米大斑凸脐蠕孢，属半知菌亚门真菌。

（三）玉米大斑病发病规律

病原菌以菌丝或分生孢子附着在病残组织内越冬。成为翌年初侵染源，种子也能带少量病菌。田间侵入玉米植株，经 10～14 天在病斑上可产生分生孢子，借气流传播进行再侵染，玉米大斑病的流行除与玉米品种感病程度有关外，还与当时的环境条件关系密切，温度 20～25℃、相对湿度 90% 以上利于病害发展，气温高于25℃或低于 15℃，相对湿度小于 60%，持续几天，病害的发展就会受到抑制。在春玉米种植区，从拔节到出穗期间，气温适宜，又遇连续阴雨天，病害发展迅速，易大流行。玉米孕穗、出穗期间氮肥不足发病较重，低洼地、密度过大、连作地易发病。

（四）玉米大斑病防治措施

该病的防治应以种植抗病品种为主，加强农业防治，辅以必要的药剂防治。

（1）根据当地优势选择抗病品种，选用不同抗性品种及兼抗品种。

（2）适期早播，避开病害发生高峰。施足基肥，增施磷钾肥。做好中耕除草培土工作，摘除底部2~3片叶，降低田间相对湿度，使植株健壮，提高抗病力。玉米收获后，清洁田园，将秸秆集中处理，经高温发酵作用堆肥，实行轮作。

（3）对于价值较高的育种材料及丰产田玉米，可在心叶末期到抽雄期或发病初期喷洒30%苯甲·丙环唑乳油3 000倍液，或用80%甲基硫菌灵可湿性粉剂800倍液，或用45%代森铵水剂每亩100~150克，或用75%百菌清可湿性粉剂800倍液，或用25%丙环唑乳油3 000倍液，或用农抗120水剂200倍液，隔10天防一次，连续防治2~3次。

二、玉米小斑病

玉米小斑病是一种真菌病害，为我国玉米产区重要病害之一，在黄河和长江流域的温暖潮湿地区发生普遍而严重，是我国黄淮海夏玉米区的主要病害。在安徽省淮北地区夏玉米产区发生严重。一般造成减产 15% ~ 20%，严重的达 50% 以上。小斑病每年在局部地区仍然有较重发生，对生产具有较大影响。由于生产推广的品种大多对小斑病具有一定的抗性，所以该病害多年来并未造成大面积流行。但是近年来随着一些欧美玉米品种在夏玉米区的推广，小斑病在夏玉米区暴发的风险开始扩大，应予以警惕。

（一）玉米小斑病症状

常和大斑病同时出现或混合侵染，因主要发生在叶部，故统称叶斑病。发生地区以温度较高、湿度较大的丘陵区为主。此病除为害叶片、苞叶和叶鞘外，对雌穗和茎秆的致病力也比大斑病强，可造成果穗腐烂和茎秆断折。其发病时间，比大斑病稍早。发病初期，在叶片上出现半透明水渍状褐色小斑点，后扩大为（5~16）毫米×（2~4）毫米大小的椭圆形褐色病斑，边缘赤褐色，轮廓清楚，上有2~3层同心轮纹。病斑进一步发展时，内部略褪色，后渐变为暗褐色，天气潮湿时，病斑上生出暗黑色霉状物（分生孢子盘），叶片被害后，使叶绿组织常受损，影响光合机能，导致减产。

（二）玉米小斑病病原

病原为玉蜀黍平脐蠕孢子，属半知菌亚门真菌。

（三）玉米小斑病发病规律

主要以休眠菌丝体和分生孢子在病残体上越冬，成为翌年发病初侵染源。分生孢子借风雨、气流传播，侵染玉米，在病株上产生分生孢子进行再侵染，发病适宜温度26~29℃，产生孢子最适温度23~25℃，孢子在24℃时，1小时即能萌发，遇充足水分或高温条件，病情迅速扩展。玉米孕穗、抽穗期降水多、湿度大，容易造成小斑病的流行，低洼地、过于密植荫蔽地，连作田发病较重。

（四）玉米小斑病防治措施

（1）因地制宜，选种抗病杂交种或品种。

（2）清洁田园，深翻土地，控制菌源；摘除下部老叶、病叶，减少再侵染菌源；降低田间湿度；增施磷、钾肥，加强田间管理，增强植株抗病力。

（3）用40%卫福悬浮剂300毫升加水1.5~2千克，拌种100千克。

（4）可在心叶末期到抽雄期或发病初期喷洒30%苯甲·丙环唑乳油3 000倍液，或用80%甲基硫菌灵可湿性粉剂800倍液，或用45%代森铵水剂每亩100~150克，或用75%百菌清可湿性粉剂

800 倍液，或用 25% 丙环唑乳油 3 000 倍液，或用 50% 敌菌灵可湿性粉剂 80~100 克/亩喷施，隔 10 天防一次，连续防治 2~3 次。

三、玉米锈病

　　玉米锈病在我国玉米产区均有发生，是玉米上的常见病害。通常在玉米生育的中后期发生，为害较轻，个别地方或年份发病严重。自 2000 年以来，南方锈病对玉米生产危害性加大，分别于 2007 年、2008 年和 2015 年在黄淮海暴发，大量感病品种叶片提前干枯，生产损失巨

大，其中 2015 年南方锈病在黄淮海夏玉米区等地大流行，是历史上发生面积最大、最为严重的年份，全国发生面积 525 万公顷。黄淮海南方锈病的暴发与生成太平洋台风的运动路径、登陆我国大陆的位置、登陆后的强度与移动路线均有密切关系。2017 年台风"纳沙"和"海棠"的登陆导致了河南南部、安徽北部、山东西部南方锈病的大发生。

（一）玉米锈病症状

　　玉米锈病主要侵染叶片，严重时也可侵染果穗、苞叶乃至雄花。初期仅在叶片两面散生浅黄色长形至卵形褐色小脓疱，后小疱破裂，散出铁锈色粉状物，即病菌夏孢子；后期病斑上生出黑色近圆形或长圆形突起，开裂后露出黑褐色冬孢子。

（二）玉米锈病病原

　　病原菌有 3 种，即玉米柄锈引起的普通型锈病；玉米多堆柄锈菌引起的南方型锈病；玉米壳锈菌引起的热带型锈病。我国只有普通型和南方型两种锈病，均属担子菌亚门真菌。

（三） 玉米锈病发病规律

我国目前发生的普通型、南方型玉米锈病在南方以夏孢子辗转传播、蔓延，不存在越冬问题。北方则较复杂，菌源来自病残体或来自南方的夏孢子及转主寄主——酢浆草。田间叶片染病后，病部产生的夏孢子借气流传播，进行再侵染，蔓延扩展。生产上早熟品种易发病，高温多湿或连阴雨、偏施氮肥发病重。

（四） 玉米锈病防治措施

（1） 选育抗病品种。

（2） 施用酵素菌沤制的堆肥，增施磷钾肥，避免偏施、过施氮肥，提高寄主抗病力。

（3） 加强田间管理，清除酢浆草和病株残体，集中深埋或烧毁，以减少侵染源。

（4） 在发病初期开始喷洒25%三唑酮可湿性粉剂1 500~2 000倍液，或用43%戊唑醇悬浮剂3 000倍液，或用25%丙环唑乳油3 000倍液，或用12.5%烯唑醇可湿性粉剂4 000~5 000倍液，隔10天左右1次，连续防治2~3次。

四、 玉米茎腐病

近几年，由于玉米自交系、杂交系品种在各地区之间引种频繁，使本来抗病性较差的自交系和部分杂交系的原种在各地区广为种植，从而导致该病在各玉米产区之间相互传播，造成植株早枯、籽粒瘪瘦不饱满，严重影响玉米的制种产量，给农民造成极大的经济损失。一般套种玉米和夏播玉米的发病率达10%~25%，严重者达50%左右。

（一） 玉米茎腐病症状

该病为全株表现的侵染性病害。玉米乳熟末期至蜡熟期为显症高峰期，一般从灌浆至乳熟期开始发病，典型症状表现如下。

（1） 茎叶青枯型。发病时多从下部叶片逐渐向上扩展，呈水渍状而青枯，而后全株青枯。有的病株出现急性症状，即在乳熟末期或蜡熟期全株急骤青枯，没有明显的由下而上逐渐发展的过程，这种情况在雨后忽晴天气时多见。

（2）茎基腐烂型。植株根系明显发育不良，根少而短，病株茎基部变软，剖茎检查，髓部空松，根茎基部及地面上 1~3 节间多出现黑色软腐，遇风易倒折，在潮湿时病部初期出现白色，后期为粉红色霉状物。

（3）果穗腐烂型。有的果穗发病后下垂，穗柄变柔软，苞叶青枯、不易剥离。病穗籽粒排列松散、易脱粒，粒色灰暗，无光泽。

（二）玉米茎腐病病原

病原菌：禾谷镰孢、串珠镰刀菌，属半知菌亚门真菌；瓜果腐霉、肿囊腐霉和禾生腐霉，属鞭毛菌亚门真菌。

（三）玉米茎腐病发病规律

目前对此病的防治措施仍以采用抗病品种为主，但因品种的选育周期长，往往开始比较抗病，4~5 年后又变为感病品种，从而给病害防治带来了极大的难度。

（四）玉米茎腐病防治措施

（1）选育和种植抗病、耐病优良品种。

（2）对制种玉米在抽雄时及时将发病雌雄株拔除。玉米收获后彻底清除发病株，集中烧毁或结合深翻土地而深埋。

（3）实行玉米与其他非寄主作物轮作，防止土壤病原菌积累。发病重的地块可与水稻、马铃薯、蔬菜作物实行 2~3 年轮作。

（4）适期晚播。北方春玉米区，4 月下旬至 5 月上旬播种，能防止茎腐病的发生，比早播的发病率低 11.3%~67.5%，增产 12.6%~32.3%，套种玉米 5 月下旬至 6 月上旬播种发病轻，夏玉米 6 月 15 日左右播种发病轻。

（5）在施足基肥的基础上，于玉米拔节期或孕穗期增施钾肥或磷氮肥配合使用。严重缺钾地块，一般施硫酸钾 100~150 千克/公顷，一般缺钾地块施硫酸钾 70~105 千克/公顷。在玉米播种和抽雄时,将硫酸锌、尿素、三元复合肥按每公顷 22.5~30.0 千克、225 千克、225 千克施入土壤,可增产 8.4%~10.2%。

(6)利用增产菌按种子重量 0.2%拌种,对茎腐病有一定的抑制作用。在土壤中接种木霉菌并加入每克土 4~6 微克的三唑酮,防治效果比单独使用更显著。同时在种子包衣之前,采用玉米生物种衣剂(ZSB)按 1:40 拌种,或用诱抗剂浸种,或用根保种衣剂等对玉米茎腐病都有一定的抑制作用,防治效果比较明显,发病严重地块用 25%叶枯灵或 20%叶枯净可湿性粉剂+25%瑞毒霉(甲霜炭)可湿性粉剂,或用 58%瑞毒锰锌可湿性粉剂 600 倍液叶面喷施。

五、玉米瘤黑粉病

玉米瘤黑粉病是我国玉米生产中极为普遍的一种病害,常为害玉米叶、秆和果穗等部位幼嫩组织,产生大小不等的病瘤,发生普遍,暴发年份能造成 50%以上的减产,甚至绝收。

(一)玉米瘤黑粉病症状

植株地上幼嫩组织和器官均可发病,病部的典型特征是产生肿瘤。病瘤初呈银白色,有光泽,内部白色,肉质多汁,并迅速膨大,常能冲破苞叶而外露,表面变暗,略带淡紫红色,内部则变灰至黑色,失水后当外膜破裂时,散出大量黑粉,即病菌的冬孢子。果穗发病可部分或全部变成较大肿瘤,叶上发病则形成密集成串的小瘤。

（二）玉米瘤黑粉病病原

病原为玉蜀黍黑粉菌，属担子菌亚门真菌。

（三）玉米瘤黑粉病发病规律

病菌以冬孢子在土壤中及病残体上越冬。成为翌年的初侵染源，混有病残体的堆肥也是初侵染源之一。玉米抽雄前后如遇干旱，又不能及时灌溉，常造成玉米生理干旱，膨压降低，抗病力变弱，利于病菌的侵染和发病，田间高温多湿易于结露，以及暴风雨过后，造成大量损伤，都会造成严重发病，连作田、高肥密植田往往发病较重。

（四）玉米瘤黑粉病防治措施

（1）种植抗病品种。

（2）与非禾谷类作物轮作2~3年。

（3）早春结合防治玉米螟，及时处理玉米秸秆，收获后清除田间病残体，秋季实行深翻土壤，减少初侵染来源。

（4）加强水肥管理，在抽雄前后适时灌溉，避免受旱。及时防治玉米螟，尽量减少虫伤和耕作机械损伤。

（5）药剂拌种，可用20%萎锈灵乳油500毫升拌种100千克，或用15%三唑酮可湿性粉剂80克拌种100千克。玉米抽雄前可喷施12.5%烯唑醇可湿性粉剂800倍液，或用25%丙环唑乳油600~1 000倍液。

六、玉米丝黑穗病

玉米丝黑穗病是我国春玉米区重要病害，各大玉米产区普遍发生，造成玉米减产甚至绝收。

（一）玉米丝黑穗病症状

玉米丝黑穗病的病原菌为丝孢堆黑粉菌，黑穗里形成的黑粉是病菌的冬孢子。该病主要为害玉米的果穗和雄穗，受害病株多数果穗较短，基部粗，顶端尖，近球形，不吐花丝，除苞叶外，整个果

穗变成一个大黑粉包，外观不呈瘤状。后期有些苞叶破裂，散出黑粉，即病菌的冬孢子。黑粉一般结成块，内部夹杂有丝状物，因此称为丝黑穗病。少数病株，受害的整个植株果穗畸形，呈刺猬状，大多数病株仍保持原来穗形，仅个别小穗受害变成黑粉包，也有个别整个雄穗受害变成一个大黑粉包。为害严重的幼苗可表现出多种不同类型的症状。

（1）矮化型。主要是节间短，全株矮小，上粗下细，如笋状，向一侧弯曲，叶片簇生，暗绿色，叶片带有黄白条斑，抽出的雌雄穗为黑穗。

（2）矮化丛生型。病株明显矮化，节间缩短，叶片丛生，整个植株短粗繁茂。果穗增多，一般每个腋芽都能长出黑穗。

（3）多分蘖型。病株分蘖较多，每个分蘖茎上均形成黑粉，且大部顶生。值得注意的是，不是所有病株都有典型症状，生产中常因品种抗病性强弱、土壤病菌数量的多少，以及环境条件是否有利病害流行而变化，有时，苗期发病症状又与病毒病、生理性病害等症状相混淆，所以，以上症状只能作为早期诊断的依据。在诊断玉米丝黑穗病时，要注意与黑粉病的区别。两种病害的共同点都是产生大量的黑粉，区别在于玉米丝黑穗病只为害穗和雄穗，而黑粉病则为害玉米的各个部位；玉米丝黑穗病的外观不呈瘤状，而黑粉病的外观呈瘤状。

（二）玉米丝黑穗病病原

病原为丝孢堆黑粉菌，属担子菌亚门真菌。

（三）玉米丝黑穗病发病规律

病菌以冬孢子散落于土壤中、混入牲畜粪便或附着于种子表面等形式越冬，成为来年的初侵染源。该病以土壤传病为主，冬孢子在土壤中可存活 3 年左右，土壤中结块的冬孢子比分散的存活时间长。用病株残体或带菌的土沤粪未经腐熟或用带菌的病株喂养牲畜，均会造成粪肥带菌，而施用这些带菌的粪肥，引起玉米发病的概率会大大增加。种子表面虽带菌量不多，但仍是病害远距离传播的重要途径。从玉米种子萌发开始到 5 叶期前是玉米受侵染的重要时期，特别是幼芽至 3 叶期以前最易侵染，5 叶期后受侵染很少，或不再侵染。侵染部位为胚芽鞘、幼根颈以下部位及根部。病菌侵入后，蔓延在生长锥的基部分生组织中，花芽开始分化时，菌丝向上蔓延进入花蕾原始体，有时生长锥生长较快，病菌蔓延较慢，未能进入雄花序，而只在果穗上发病。

（四）玉米丝黑穗病防治措施

（1）前期在定苗及中耕时，根据病株的典型病状，应及时拔除或割除病株，后期玉米抽穗后黑粉尚未成熟散落前，及时割除病穗，并带出田外深埋。对用病株进行喂养牲畜的粪便必须进行沤制腐熟方可进入玉米田或高粱田。

（2）将病菌翻入深土层，减轻为害。实施轮作，上年发生较重且病原菌在土壤中较多的地块要实行 3 年或 3 年以上轮作，轮作有困难的玉米主产区，进行 2 年或 1 年轮作，尽量避免连作。

（3）不同玉米品种对玉米丝黑穗病的抗性有明显差异。在选用品种时，应向技术部门进行咨询，尤其是发病较高、土壤中病原菌较多的地块，更应选用高抗或较高抗的玉米品种。

（4）用 2%戊唑醇（立克秀）湿拌种剂，按种子量的 0.3%拌种，或用 25%粉锈宁可湿性粉剂按种子量的 0.3%～0.5%拌种，或用 10.6%福·戊唑醇悬浮种衣剂按种子量 1%拌种，或用 25%三唑酮可湿性粉剂按种子量 0.2%拌种。

（5）加强苗期管理。在提高播种质量的基础上，适时播种，低温年份及土壤带菌较多的地块，丝黑穗病易发生，切忌播种过早。加强管理，促进玉米早生快出苗，出壮苗，增强抗病力，减少被侵染机会。

七、玉米矮花叶病毒病

玉米矮花叶病又叫玉米粗缩病，曾经在夏玉米区南部持续严重发生。山东省为重发区，在2008年和2009年达到高峰，在河南东部、南部、西部一些年份发生严重。病害流行的原因：病害严重程度与传毒介体——灰飞虱量及带毒率密切相关，与种植方式及播期也有关。虽然粗缩病近几年处于一个发病低谷，但田间监测表明，灰飞虱的带毒率正在稳步上升，局部已超过10%。因此，粗缩病新的发病高峰即将到来，各地应引起重视，加强对传毒介体灰飞虱带毒率的监测。

玉米矮花叶病的初侵染源来自多年生的禾本科杂草。初春，越冬蚜虫复苏后，在新长出的带毒杂草嫩叶上取食而获毒，有翅蚜虫迁飞将病毒传播到春玉米及杂草上，以后在春、夏玉米上为害，造成病害流行。夏玉米收获后，蚜虫又回到杂草上越冬。6—7月如天气干旱，不利于玉米生长发育，而利于蚜虫繁殖、迁飞，发病重。春玉米早播、夏玉米晚播均发病重。

（一）玉米矮花叶病毒病症状

玉米整个生育期均可发病，苗期受害重。最初在心叶基部叶脉间出现许多椭圆形褪绿小点或斑纹，沿叶脉排列成断续的长短不一的条点，病情进一步发展，叶片上形成较宽的褪绿条纹，尤其新叶上明显，叶色变黄，组织变硬，质脆易折断。有的从叶尖、叶缘开始，出现紫红色条纹，最后干枯。病株黄弱瘦小，生长缓慢，多数不能抽穗而死亡。少数病株虽能抽穗，但穗小，籽粒少而秕瘦。根系易腐烂。

（二）玉米矮花叶病毒病防治措施

（1）农业措施。一是选用抗病自交系，种植抗病杂交种；二是春玉米适期早播，能避病增产；三是加强田间管理，增加玉米自身的抗病力。及时拔除病苗、病株，减少再侵染源。

（2）药剂防治。在小麦乳熟期蚜虫迁飞高峰，及时喷药 2~3次。药剂参照麦蚜防治。

八、玉米褐斑病

玉米褐斑病原是玉米生产上的次要病害，虽然各地均有发生，但损失不大。近年来，该病在我国玉米产区普遍发生，造成大面积流行，为害十分严重，其中，在华北地区和黄淮流域的河南、
河北、北京、山东、安徽、江苏等省市为害更重，已经成为玉米生产上的主要病害。

（一）玉米褐斑病症状

主要发生在玉米叶片、叶鞘及茎秆，病斑先在顶部叶片的尖端发生。最初为浅黄色，逐渐变为黄褐色或深褐色，圆形或椭圆形，小病斑常汇集在一起，严重时在叶片上出现几段甚至全部布满病斑，在叶鞘和叶脉上出现较大的褐色斑点；发病后期病斑表面破裂，叶细胞组织呈坏死状，散出褐色粉末，叶脉和维管束残存如丝状。在感病品种上一旦被病原菌侵染，全株叶片迅速产生大量黄色小斑点，直径约 1 毫米，叶片快速干枯。

（二）玉米褐斑病病原

病原为玉蜀黍节壶菌，属鞭毛菌亚门真菌。

（三）玉米褐斑病发病规律

在玉米生长的中期 7—8 月温度较高（23~30℃），湿度较大（相对湿度 85% 以上），且阴雨日较多时，利于发病；密度过大，田间郁闭发病重；低洼潮湿，雨后有积水的地块和连作地块发病较重；土壤瘠薄的地块发病较重。

（1）土壤中及病残体组织中有褐斑病病原菌，会导致玉米褐斑病发生；高感病品种连作时，土壤中菌量每年增加 5~10 倍；施肥方面，如用有病残体的秸秆还田，施用未腐熟的厩肥、堆肥或带菌的农家肥，会使病菌随之传入田内，造成病原菌数量相应的增加。

（2）玉米 5~8 片叶期，土壤肥力不够，玉米叶色变黄，出现脱肥现象，玉米抗病性降低，是导致发生褐斑病的主要原因。

（3）空气温度高、湿度大，也是诱发褐斑病的原因之一。

（四）玉米褐斑病防治措施

（1）玉米收获后彻底清除病残体，并深翻土壤；选用抗病品种；施足底肥。适时追肥，夏玉米如果没有施用底肥或种肥的，应在玉米 4~5 叶期追施苗肥，每亩追施尿素 10~15 千克，施肥上注意氮、磷、钾肥搭配，施用有机肥时必须充分腐熟；应根据品种特性选择合适的密度，适当稀植，提高田间通透性。

（2）发病初期喷洒 30% 苯甲·丙环唑乳油 3 000 倍液，或用 80% 甲基硫菌灵可湿性粉剂 800 倍液，或用 45% 代森铵水剂每亩 100~150 克，或用 75% 百菌清可湿性粉剂 800 倍液，或用 25% 丙环唑乳油 3 000 倍液，或用 25% 嘧菌酯悬浮剂 60~90 毫升/亩，或用 40% 腈菌唑水分散粒剂 6 000~7 000 倍液喷雾。为提高防治效果，可在药剂中适当添加磷酸二氢钾、尿素等叶面肥，促健壮生长，以提高抗病能力。

九、玉米顶腐病

玉米顶腐病由土壤中串珠镰刀菌引发，病原菌可随种子调运、风、雨传播；玉米顶腐病在玉米整个生长期均可侵染发病，以抽穗前后表现最为明显（夏玉米一般在 7 月下旬至 8 月上旬），其症状复杂多样，

易与玉米的其他病虫害、缺素症相混淆，我国最早在辽宁省阜新市发现。

（一）玉米顶腐病症状

1. 苗期症状

主要表现为植株生长缓慢，叶片边缘失绿，出现黄色条斑，叶片皱缩、扭曲（注意：该症状与粗缩病的区别在于节间不粗短、叶片不僵直、肥厚；与矮花叶病的区别在于叶片不呈黄绿相间的条纹状，而是叶边缘呈黄斑；与瑞典秆蝇、蓟马等害虫造成的心叶"歪头状"区别在于叶片没有害虫分泌的黏液、污点和为害的损害残缺；与疯顶病在苗期为害症状的区别在于无分蘖、心叶不黄化；与玉米苗后除草剂药害的区别在于叶片中间没有黄化斑）。重病苗也可见茎基部变灰、变褐、变黑而形成枯死苗。

2. 成株症状

成株期病株多矮小，但也有矮化不明显的，其他症状更呈多样化。

（1）叶缘缺刻型。感病叶片的基部或边缘出现刀切状缺刻，叶缘和顶部褪绿呈黄亮色，严重时 1 个叶片的半边或者全叶脱落，只留下叶片中脉以及中脉上残留的少量叶肉组织。

（2）叶片枯死型。叶片基部边缘褐色腐烂，叶片有时呈撕裂状或断叶状，严重时顶部4~5叶的叶尖或全叶枯死。

（3）扭曲卷裹型。顶部叶片卷缩呈直立长鞭状，有的在形成鞭状时被其他叶片包裹不能伸展形成弓状，有的顶部几个叶片扭曲缠结不能伸展，缠结的叶片常呈撕裂状、皱缩状（注意：该症状容易与玉米疯顶病混淆，区别在于该病的叶片边缘有明显的黄化症状，叶片变形、扭曲症状轻于疯顶病）。

（4）叶鞘、茎秆腐烂型。穗位节的叶片基部变褐色腐烂的病株，常常在叶鞘和茎秆髓部也出现腐烂，叶鞘内侧和紧靠的茎秆皮层呈铁锈色腐烂，剖开茎部，可见内部维管束和茎节出现褐色病点或短条状变色，有的出现空洞，内生白色或粉红色霉状物，刮风时容易折倒。

（5）弯头型。穗位节叶基和茎部发病发黄，叶鞘茎秆组织软化，植株顶端向一侧倾斜。

（6）顶叶丛生型。有的品种感病后顶端叶片丛生、直立。

（7）败育型或空秆型。感病轻的植株可抽穗结实，但果穗小、结籽少；严重的雌、雄穗败育、畸形而不能抽穗，或形成空秆（注意：该症状与缺硼症相似，但缺硼一般在沙性土、保肥保水性差、有机质少的地块，且长期持续干旱时发生；而该病是在多雨、高湿条件下发生，在低洼、黏土地块相对较重，发病的适宜温度为25~30℃）。

3. 其他症状

病株的根系通常不发达，主根短小，根毛细而多，呈绒状，根冠变褐腐烂。高湿的条件下，病部出现粉白色至粉红色霉状物。

（二）玉米顶腐病病原

病原为亚粘团镰刀菌，属半知菌亚门真菌。

（三）玉米顶腐病发病规律

该病原菌以土壤、病残体、种子带菌为主，特别是种子带菌可远距离传播，使发病区域不断扩大；且病株产生的病原菌分生孢子还可以随风雨传播，进行再侵染。与玉米其他病害相比，玉米顶腐病的为害损失更重，潜在危险性较大。

该病可在玉米整个生长期侵染发病，但以抽穗前后表现最为明显，在低洼地块、土壤黏重地块相对发病严重。因其症状复杂多样，且一些症状与玉米的其他病虫害、缺素症有相似之处，易于混淆，因此在诊断识别和防治上应仔细对照、提早防治。

（四）玉米顶腐病防治措施

（1）在生产上应注意淘汰感病的品种，选用抗性强的品种。

（2）对于玉米心叶已扭曲腐烂的较重病株，可用剪刀剪去包裹雄穗以上的叶片，以利于雄穗的正常吐穗，并将剪下的病叶带出田外深埋处理。

（3）对发病地块，发病初期可选择药剂防治，选 2% 宁南霉素水剂 200~300 倍液，或用 58% 甲霜灵·锰锌 600 倍液，或用 50% 烯酰吗啉可湿性粉剂 2 000 倍液，或用 72% 霜脲腈·锰锌 600 倍液等杀菌剂喷雾，喷施 2 次（对玉米疯顶病也有较好的兼治效果）。为同时除治玉米螟、棉铃虫等害虫和促进玉米增产，可混合杀虫剂、营养调节剂一起喷施。

十、玉米苗枯病

近几年发生为害呈上升趋势逐渐加重，特别是在降雨频繁、雨量大，夏玉米苗枯病发生较多，且发病更严重。病原菌在种子萌

动期即可侵入，先在种子根和根尖处变褐，后扩展导致根系发育不良或根毛减少，次生根少或无，初生根老化，皮层坏死，根系变黑褐色，并在茎的第一节间形成坏死斑，引起茎部水浸状烂，易断裂，叶鞘也变褐撕裂。夏玉米从出苗至三叶期开始表现症状，先造成玉米幼苗基部 1~2 叶发黄，叶尖和叶（缘）边干枯，由基部叶片逐渐向上部发展，进而引起心叶卷曲，严重的植株外周叶片干枯，心叶青枯萎蔫，植株死亡。

（一）玉米苗枯病发病原因

引起苗枯的病原主要是串珠镰刀菌。地势低洼、土壤贫瘠、黏土地、盐碱地发病重，播种过深也易发病。土壤积水的田块，苗期会形成芽涝现象，幼苗不能正常生长发育，使根系发育不良引发苗枯病。小麦玉米轮作是山东省的主要轮作方式，近几年小麦根病发生严重，导致串珠镰刀菌、禾谷镰刀菌和玉米丝禾菌等病原菌积累，也加重了苗枯病的发生程度。

（二）玉米苗枯病防治措施

（1）选用优质、抗病品种，且选用粒大饱满、发芽势强的玉米种子。

（2）播种前先将种子翻晒 1~2 天。药剂浸种用 40% 克霉灵 600 倍液或 70% 甲基托布津 500 倍药液浸 40 分钟，晾干后播种；也可用 2.5% 咯菌腈悬浮种衣剂 10 克加水 100 毫升，拌种 5 千克；或者用 25% 戊唑醇 2 克，拌种 5 千克，同时预防丝黑穗病。

（3）合理施肥，加强管理。种肥或者苗期到拔节期追肥，一定要增施磷钾肥，以培育壮苗，尤其注意补充磷、钾肥。促进根系生长，使植株生长旺盛，以提高抗病能力。

（4）在苗枯病发病初期及时用药。可用 70% 甲基硫菌灵 800 倍液，或者用 20% 三唑酮 1 000 倍，或者用噁霉灵 3 000 倍，连喷 2 次（每次用药间隔 7 天左右）喷药的同时可加入喷施农喜十乐素、蓝色晶典、壮汉、六高二氢钾高效营养调节剂，以促苗早发，增强植株抗逆、抗病力，可有效防治和控制苗枯病。

（三）防治玉米苗枯病三个要点

玉米苗枯病的为害程度主要是由种子带菌、不良的气候条件、品种间抗病性差、栽培管理粗放、传统的种植模式、施肥观念等多种因素决定的，防治玉米苗枯病三个要点如下。

（1）种子用种衣剂包衣。

（2）重施磷、钾肥，亩用磷酸二铵15千克、硫酸钾10千克。

（3）用甲基托布津600倍+嗯霉灵+阿卡迪安进行叶面喷雾，喷1~2次可有效防治玉米苗枯病。

玉米苗枯病上部至下部干枯，生长迟缓，中片黄化，地下部先是胚轴变褐，后向上发展至次根节，导致根毛少，萎蔫，黑根，腐烂，死苗。建议大家在坚持"预防为主，综合防治"的植保方针的前提下，制定推广抗病品种、加强田间管理等农业措施为主，化学防治为辅的综合防治措施，全面作好该病的防治工作，从根本上遏制该病的发生为害。

十一、玉米线虫病

（一）症状及病原

玉米线虫病在春玉米区偏重，只是在玉米植株一侧有一个褐色病斑，玉米线虫矮化病一般在玉米苗2叶期前侵染玉米根茎基部。发病初期叶片上有沿叶脉方向的黄色或白色失绿条纹；有的植株叶片皱缩扭曲，有的植株叶鞘或叶片边缘发生锯齿状缺刻；茎基部组织从内向外腐烂开裂，内部中空，呈"虫道"状。感病轻的植株可抽穗结实，但果穗小、结籽少；感病重的玉米植株雌、雄穗败育，畸形而不能抽穗，或形成空秆，对产量影响较大。高温高湿条件有利于病害流行，多出现在雨后或田间灌溉后。低洼或排水不畅的地块发病较重，山坡地和高岗地发病轻。东北三省、内蒙古、河北、北京时有发生，并且有扩大的趋势，2011年在山西省五台县出现。

病原为多种属线虫，其中影响较大的为长岭发垫刃线虫。

（二） 防治技术

（1） 种植抗病品种。

（2） 采用 50%丙硫克百威悬浮种衣剂 6 200 毫升拌玉米种子 100 千克、20.3%的福·唑毒死蜱悬浮种衣剂 1.67~2.8 千克拌玉米种子 100 千克。

（3） 前茬收获后及时清理病残体，集中烧毁，深翻 50 厘米，起高垄 30 厘米，沟内淹水，覆盖地膜，密闭 15~20 天，经高温和水淹，防效 90%以上。

十二、玉米穗腐病

近年来，穗腐病在我国各玉米产区为害呈上升趋势。2004 年黄淮海 5 省 10 个县市的调查结果显示，穗腐病平均发病率为 42.9%；2009 年甘肃省各玉米种植区穗腐病发生严重，病田率 100%，平均病穗率 63.6%，重病田病穗率达 100%。由于穗腐病发生在玉米生长后期，田间防治操作难度较大，其防治也一直没有引起足够重视。

玉米穗腐病的诱发原因多样，致病菌类型复杂、侵染途径多样，病害发生受气候和穗期害虫发生程度的影响。穗腐病籽粒又是储藏期库存籽粒霉变的侵染源和霉菌毒素的污染源。

由于穗腐病暴发机理的复杂性和田间病害防控的难度较高，品种抗病性普遍较低、籽粒后期脱水慢的情况下，环境条件适宜时频繁暴发，是玉米籽粒机械化直接收获的重要障碍：①无法剔除霉变果穗；②带菌籽粒与健康籽粒混淆；③破碎籽粒占比加大，更易污染；④籽粒含水量高，晾晒成为新的问题。

穗腐病发病影响因素：品种抗性、穗期害虫为害和气候条件。

（一）玉米赤霉粒腐病

1. 玉米赤霉粒腐病症状

果穗染病端部变为紫红色，有时籽粒间生有粉红色至灰白色菌丝，病粒失去光泽，不饱满，发芽率降低，播后易烂种。轻的幼苗生长发育不正常，叶片变黄。有时现茎腐病症状，茎秆局部褐色，髓部变成紫红色，易倒折。叶鞘染病生有橙色点状黏分生孢子团。

2. 玉米赤霉粒腐病病原

病原为串珠镰孢菌、禾谷镰孢菌及其他镰孢菌。上述镰孢菌除侵染玉米果穗引起穗腐病外，还可侵染玉米根部引起根腐病和茎腐病。近年来研究发现，茎腐病镰孢菌和穗腐病镰孢菌可以交互侵染。此外还能侵染高粱、谷子、小麦引起赤霉病和根腐病。

3. 玉米赤霉粒腐病发病规律

赤霉穗腐病病菌以菌丝体和分生孢子在叶片、苞叶、穗轴，特别是未发育的次生果穗的残体上越冬。越冬后的或新形成的分生孢子借气流传播到新的果穗上引起发病。导致穗腐病的病原菌多数是弱寄生菌，当植株受霜冻、根伤、干旱或病虫鸟为害及籽粒生理性破裂和人为造成的破裂，有利于病菌侵染。一般发病多在果穗成熟期。玉米穗腐病与种植感病品种、丰肥、寡照、阴蔽、高湿等环境密切相关。海拔 2 000 米以上、雨量充沛、光照短的冷凉区发病重于低海拔区，低洼潮湿地通常发病重；高密度种植地重于稀植地；多氮地重于少氮地；地中央重于周边。

土壤瘠薄或玉米后期脱肥造成早衰。茎腐病、根腐病、叶斑病、玉米螟等病虫为害和冰雹伤害等影响玉米正常生长的各种因素都会加重赤霉穗腐病的发生。近年来研究表明，玉米螟在穗部造成的伤口，为病菌提供侵入途径，是赤霉粒腐病为害加重的一个重要因素。延迟播种使霜前不能充分成熟，果穗含水量高也会加重病情。

在玉米贮藏过程中常因籽粒含水量高、自然带菌率高、通风干燥不良等，进一步引起籽粒变色腐败。某些真菌还能在繁衍中产生毒素，如去氧雪腐镰孢菌烯醇、玉米赤霉烯酮、玉米赤霉烯醇、乙酸去氧雪腐镰孢菌烯醇已在病种子中检测到。种子带毒降低食用和商品价值，误食后易引起人畜中毒。

4. 玉米赤霉粒腐病防治技术

（1）选用抗病的杂交种或品种是最经济有效的防治措施。

（2）适期早播，施足基肥，适时追肥，防止生育后期脱肥，合理密植，加强田间中耕除草，促使玉米植株生长健壮可减轻发病。

（3）及时防治病虫鸟害，重点防治玉米螟的为害。

（4）秋季及时早收，充分晾晒，使籽粒含水量降到18%以下，再入库贮存。

（5）加强贮藏管理，防治贮藏期间病害发生或蔓延。

（二）玉米干腐病

1. 玉米干腐病症状

该病是玉米重要病害之一，被有些省市列为检疫对象。东北发生重，江苏、安徽、四川、广东、云南、贵州、湖南、湖北、浙江等省都有发生。玉米地上部均可发病，但茎秆和果穗受害重。茎秆、叶鞘染病多在近基部

的4~5节或近果穗的茎秆产生褐色或紫褐色至黑色大型病斑，后变为灰白色。叶鞘和茎秆之间常存有白色菌丝，严重时茎秆折断，病部长出很多小黑点，即病原菌的分生孢子器。叶片染病多在叶片背面形成长条斑，长5厘米，宽1~2厘米，一般不生小黑点。果穗染病多表现早熟、僵化变轻。剥开苞叶可见果穗下部或全穗籽粒皱缩，苞叶和果穗间、粒行间常生有紧密的灰白色菌丝体。病果穗变轻易折断。严重的籽粒基部或全粒均有少量白色菌丝体，散生很

多小黑点。纵剖穗轴，穗轴内侧、护颖上也着生小黑粒点，这些症状是识别该病的重要特征。

2. 玉米干腐病病原

玉米干腐病病原分为玉米狭壳柱孢、大孢狭壳柱孢及干腐色二孢，均属半知菌亚门真菌。玉米狭壳柱孢菌分生孢子器直径 150~300 微米，产孢细胞 1（0~20）微米×（2~3）微米；分生孢子隔膜 0~2 个，大小（15~34）微米×（5~8）微米。大孢狭壳柱孢菌分生孢子器直径 200~300 微米，产孢细胞（8~15）微米×（3~4）微米；分生孢子 0~3 个分隔，大小（44~82）微米×（7.5~11.5）微米，着生于玉米茎秆、种子及叶片上。干腐色二孢子囊壳黑褐色，子囊孢子 8 个排成双行，椭圆形，无色单胞，大小（20~23）微米×（6~9）微米。

3. 玉米干腐病传播途径和发病条件

病菌以菌丝体和分生孢子器在病残组织和种子上越冬。翌春遇雨水，分生孢子器吸水膨胀，释放出大量分生孢子，借气流传播蔓延。玉米生长前期遇有高温干旱，气温 28~30℃，雌穗吐丝后半个月内遇有多雨天气利于其发病。

4. 玉米干腐病防治方法

（1）列入检疫对象的地区及无病区要加强检疫，防止该病传入。

（2）病区要建立无病留种田，供应无病种子。

（3）重病区应实行大面积轮作，不连作。

（4）收获后及时清洁田园，以减少菌源。

（5）药剂防治。播前预防：用 200 倍福尔马林浸种 1 小时或用 50%多菌灵或甲基硫菌灵可湿性粉剂 100 倍液浸种 24 小时后，用清水冲洗晾干后播种。抽穗期防治：发病初喷洒 50%多菌灵或 50%甲基硫菌灵可湿性粉剂 1 000 倍液或 25%苯菌灵乳油 800 倍液，重点喷果穗和下部茎叶，隔 7~10 天 1 次，防治 1 次或 2 次。

（三）玉米粉红聚端孢穗腐病

1. 玉米粉红聚端孢穗腐病症状

主要为害果穗。致果穗全部或部分生出浅红色霉状物，使籽粒发霉。多发生在收获后的果穗上，遇有秋雨连绵的年份也可发生在田间。

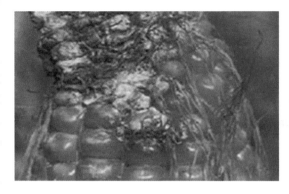

2. 玉米粉红聚端孢穗腐病病原

玉米粉红聚端孢穗腐病病原为粉红聚端孢，属半知菌亚门真菌。菌落初白色，后渐变粉红色。分生孢子梗直立不分枝，无色，顶端有时稍大，大小（162.5~200）微米×（2.5~4.5）微米；分生孢子顶生，单独形成，多可聚集成头状，呈浅橙红色，分生孢子倒洋梨形，无色或半透明，成熟时具1隔膜，隔膜处略缢缩，大小（15~28）微米×（8~15.5）微米。

3. 传播途径和发病条件

病菌以菌丝体随病残体留在土壤中越冬。翌春条件适宜时产生分生孢子，传播到果穗上，由伤口侵入。发病后，病部又产生大量分生孢子，借风雨传播蔓延，进行再侵染。病菌发育适温25~30℃，相对湿度高于85%易发病。

4. 防治方法

参见玉米丝核菌穗腐病。

（四）玉米丝核菌穗腐病

1. 玉米丝核菌穗腐病症状

丝核菌侵入玉米果穗后，早期在果穗上长出橙粉红色霉层，后期病果穗变为暗灰色，在外苞叶上生出白色至橙红色或暗褐色至黑色小菌核。

2. 玉米丝核菌穗腐病病原

玉米丝核菌穗腐病病原为立枯丝核菌，属半知菌亚门真菌。病菌形态特征参见玉米纹枯病。

3. 玉米丝核菌穗腐病传播送径和发病条件

玉米丝核菌以休眠菌丝和菌核在籽粒、土壤或植物残体上越冬。该菌大多为表面生。温暖、潮湿的天气有利于该菌的侵染和病害扩展。

4. 玉米丝核菌穗腐病防治方法

（1）首先要防治玉米纹枯病，从清洁病原、栽培耕作防治和药剂防治入手，详见玉米纹枯病。

（2）选用抗病品种。

（3）适当调节播种期，尽可能使该病发生的高峰期，即玉米孕穗至抽穗期不要与雨季相遇。

（4）发病后注意开沟排水，防止湿气滞留，可减轻受害程度。

（5）必要时往穗部喷洒5%井冈霉素水剂，每亩用药50~75毫升，兑水75~100升或用50%甲基硫菌灵可湿性粉剂600倍液、50%多菌灵悬浮剂700~800倍液、50%苯菌灵可湿性粉剂1 500倍液、40%农利灵可湿性粉剂1 000倍液。视病情防治1次或2次。

（6）在干旱缺水地区每亩用20%井冈霉素可湿性粉剂或40%多菌灵可湿性粉剂200克制成药土在玉米大喇叭口期点心叶，防治玉米穗腐病，防效80%左右，同时可混入杀螟丹粉剂等杀虫剂兼防螟虫。

（五）玉米灰葡萄孢穗腐病

1. 玉米灰葡萄孢穗腐病症状

又称玉米灰霉病。主要为害雌穗。花丝染病病部呈水渍状。果穗染病多发生在有机械伤或昆虫为害的穗上，籽粒上或籽粒间生灰色至灰绿色霉状物，常在穗的尖端或上半部发生。近年辽宁发生较多。

2. 玉米灰葡萄孢穗腐病病原

玉米灰葡萄孢穗腐病病原为灰葡萄孢，属半知菌亚门真菌。病菌形态特征参见小麦灰霉病。

3. 玉米灰葡萄孢穗腐病传播途径和发病条件

以菌核或分生孢子随病残体在土壤中越冬。翌年菌核萌发产生菌丝体，其上着生分生孢子，借气流传播蔓延。遇适温及叶面有水滴条件，孢子萌发产生芽管，从伤口或衰弱的组织上侵入。病部产生大量分生孢子进行再侵染，后逐渐形成菌核越冬。该病发生与寄主生育状况有关，寄主衰弱或受低温侵袭，相对湿度高于94%及适温易发病。地势低洼、栽植密度过大发病重。

4. 玉米灰葡萄孢穗腐病防治方法

（1）夏玉米不可栽植过密，注意玉米田通风。

（2）采用垄作或高、矮品种隔畦种植。

（3）雨后及时排水，防止湿气滞留。

（4）其他方法参见玉米灰霉病。

（六）玉米青霉穗腐病

1. 玉米青霉穗腐病症状

该病主要发生在机械损伤、害虫或鸟等为害的果穗上，在籽粒上或籽粒间产生青绿色或绿褐色霉状物，多发生在穗的尖端。病菌侵入种胚的，种子发芽时，引致幼苗萎凋。

2. 玉米青霉穗腐病病原

玉米青霉穗腐病病原为草酸青霉，属半知菌亚门真菌。形态特征见高粱青霉颖枯病。

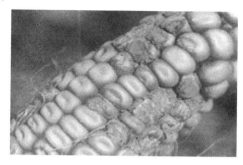

3. 玉米青霉穗腐病传播途径和发病条件

病原菌一般腐生于各种有机体上，产生分生孢子，借气流传播。通过各种伤口侵入为害，也可通过病变果穗接触传染。青霉病病菌发育适温18~28℃，相对湿度95%~98%时利于发病。

4. 玉米青霉穗腐病防治方法

（1）选用健康无病的种子。

（2）尽量避免造成伤口，注意防治鸟害。

（3）必要时喷洒70%甲基硫菌灵可湿性粉剂1 000倍液或50%苯菌灵可湿性粉剂1 500倍液、40%多菌灵胶悬剂600倍液、50%甲基硫菌灵可湿性粉剂500~1 000倍液、45%特克多悬浮剂3 000~4 000倍液，对青霉穗腐病防效显著。

（七）玉米色二孢穗腐病

1. 玉米色二孢穗腐病症状

主要为害果穗。发病早的果穗苞叶呈苍白色或稻草色，在吐丝后两周内染病，果穗变为灰褐色，整个果穗萎缩或腐烂。重量轻或小的果穗呈直立状态，这时果穗和内苞叶或内苞叶之间紧密黏附，菌丝在其间生长繁殖，后期苞叶上、花苞上及籽粒边缘产生黑色的分生孢子器。植株生长后期果穗染病，外表症状不明显。侵染始于果穗基部，从果穗梗处向上扩展。剥开果穗或脱粒时，可发现籽粒之间长有一层白色的霉菌，其顶部已变色。

2. 玉米色二孢穗腐病病原

玉米色二孢穗腐病病原称玉米色二孢，属半知菌亚门真菌。病菌在寄主表皮下产生较密集的黑色球形至扁球形分生孢子器，直径 350~500 微米，分生孢子浅褐色，圆筒形或椭圆形，具 1 隔膜，双胞，大小（13~33）微米 ×

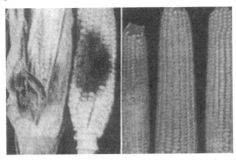

（3~7）微米；在田间，有时可见无色透明的线状孢子。

3. 玉米色二孢穗腐病传播途径和发病条件

病菌以分生孢子器在带病种子或秸秆上越冬，翌年产生分生孢子随风传播。玉米吐雄时叶鞘较松散，落入叶鞘里的病菌直接或经伤口侵入，也可从茎秆基部、不定芽或花丝、穗梗的苞叶间直接侵入。该菌可随种子调运进行远距离传播。病菌生长适温 28~30℃。分生孢子萌发适温 20℃。高温多雨有利于病原菌的侵染和扩展。

4. 玉米色二孢穗腐病防治方法

（1）选种抗病品种。

（2）与豆科等作物实行 2~3 年以上的轮作，避免在低洼阴冷的地块种植玉米，收获后及时清除病残体和病果穗，减少越冬菌源。

（3）该病发生重的地区，于播种前用拌种双或多菌灵拌种，可减轻发病。

（4）采收时果穗水分控制在 18%、脱下的籽粒保持在 15% 以下，做到安全贮藏。

（八）玉米枝孢穗腐病

1. 玉米枝孢穗腐病症状

果穗上散布具黑色至墨绿色污斑或条斑的病粒。附着在穗轴上的籽粒近脐部首先变色，然后上部出现污斑，但很少到达顶端。贮藏时发展为穗腐。

2. 玉米枝孢穗腐病病原

玉米枝孢穗腐病病原为多主枝孢，属半知菌亚门真菌。常形成子座。分生孢子梗顶端或中部常有局部膨大，长 250 微米；分生孢子表面密生细刺，大小（5～23）微米 ×（3～8）微米，多数为（8～15）微米 ×（4～6）微米。多存在于草本或木本植物上或土壤及空气中。

3. 玉米枝孢穗腐病传播途径和发病条件

病菌从生长破裂处侵入籽粒冠部，繁殖为害。

4. 玉米枝孢穗腐病防治方法

参见玉米丝核菌穗腐病。

（九）玉米小斑病 T 小种穗腐病

1. 玉米小斑病 T 小种穗腐病症状

T 型雄性不育系被小斑病菌 T 小种侵染果穗后，病部生不规则的灰黑色霉区，引起穗腐，严重的果穗腐烂，种子发黑霉变，别于小斑病菌 O 小种。T 小种还可侵染叶片、叶鞘及苞叶，病斑较大，叶片

上的病斑大小为（10~20）微米×（5~10）毫米，苞叶上产生直径2厘米的大型中央黄褐色、边缘红褐色的圆形斑，四周具明显中毒圈，病斑上有霉层。

2. 玉米小斑病T小种穗腐病病原

玉蜀黍平脐蠕孢T小种，属半知菌亚门真菌。

3. 玉米小斑病T小种穗腐病防治方法

参见玉米丝核菌穗腐病。

十三、玉米全蚀病

（一）玉米全蚀病症状

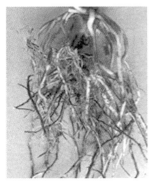

该病是近年辽宁、山东等省新发现的玉米根部土传病害。苗期染病地上部症状不明显，间苗时可见种子根上出现长椭圆形栗褐色病斑，抽穗灌浆期地上部开始显症，初叶尖、叶缘变黄，逐渐向叶基和中脉扩展，后叶片自下而上变为黄褐色枯死。严重时茎秆松软，根系呈栗褐色腐烂，须根和根毛明显减少，易折断倒伏。7、8月土壤湿度大根系易腐烂，病株早衰20多天。影响灌浆，千粒重下降，严重威胁玉米生产。收获后菌丝在根组织内继续扩展，致根皮变黑发亮，并向根基延伸，呈黑脚或黑膏药状，剥开茎基，表皮内侧有小黑点，即病菌子囊壳。

（二）玉米全蚀病病原

玉米全蚀病病原分为禾顶囊壳玉米变种和禾顶囊壳菌水稻变种，均属子囊菌亚门真菌。病组织在PDA培养基上，生出灰白色绒毛状纤细菌丝，沿基底生长，后渐变成灰褐色至灰黑色。经诱发可产生简单的附着枝，似菌丝状，无色透明；另一种为扁球形，似球拍状，有柄，浅褐色，表面略具皱纹。玉米全蚀病菌玉米变种在自然条件下于茎基节内侧产生大量子囊壳。子囊壳黑褐色梨形，直径200~450微米，子囊棍棒状，内含8个子囊孢子，呈束状排列。子囊孢子线形，无色。在PDA培养基上25℃培养，菌丝白色绒毛状，菌落灰白色至灰黑色，后期形成黑色菌丝束和菌丝结。菌丝有2种，一种无色，较纤细，是侵染菌丝；另一种暗褐色，较粗壮，在寄主组织表皮上匍匐生长称为匍匐菌丝。菌丝呈锐角状分枝，分枝处主枝和侧枝各生1隔膜，连结成"A"字形。苗期接种对玉米致病力最强；也能侵染高粱、谷子、小麦、大麦、水稻等，不侵染大豆和花生。该菌在5~30℃均能生长，最适温为25℃，最适pH值6。

（三）玉米全蚀病传播途径和发病条件

该菌是较严格的土壤寄居菌，只能在病根茬组织内于土壤中越冬。染病根茬上的病菌在土壤中至少可存活3年，罹病根茬是主要初侵染源。病菌从苗期种子根系侵入，后病菌向次生根蔓延，致根皮变色坏死或腐烂，为害整个生育期。该菌在根系上活动受土壤湿度影响，5、6月病菌扩展不快，7—8月气温升高雨量增加，病情迅速扩展。沙壤土发病重于壤土，洼地重于平地，平地重于坡地。施用有机肥多的发病轻。7—9月高温多雨发病重。品种间感病程度差异明显。'丹玉13号'、'鲁玉10号'、自交系'M017'较感病。

（四）玉米全蚀病防治方法

（1）选用适合当地的抗病品种。如辽宁的'沈单7号''丹玉14''旅丰1号''铁单8号''复单2号'，山东的'掖单2号''掖单4号''掖单13号'均较抗病。

（2）提倡施用酵素菌沤制的堆肥或增施有机肥，改良土壤。每亩施入充分腐熟有机肥2 500千克，并合理追施氮、磷、钾速效肥。

（3）收获后及时翻耕灭茬，发病地区或田块的根茬要及时烧毁，减少菌源。

（4）与豆类、薯类、棉花、花生等非禾本科作物实行大面积轮作。

（5）适期播种，提高播种质量。

（6）穴施3%三唑酮或三唑醇复方颗粒剂，每亩1.5千克。此外，可用粉锈宁或羟锈宁可湿性粉剂拌种，对该病也有一定防效。

十四、玉米霜霉病

玉米霜霉病是由多种病原菌引起的一种毁灭性病害，一旦发生很难控制，属植物检疫对象。

（一）玉米霜霉病症状

玉米幼苗期和成株期都可发生；病菌主要侵染叶片，也为害叶鞘和苞叶。苗期发病，全株淡绿色至黄白色，后逐渐枯死。成株期发病，多由中部叶片基部开始，逐渐向上蔓延。发病初期为淡绿色条纹，严重时互相连合，叶片的下半部或全部变为淡绿色至黄白色，以致枯死。在潮湿的环境下，病叶的正背两面均长白色霉状物，这是病菌的孢囊梗和孢子囊。重病植株不结苞，轻病植株能抽穗结苞，但籽粒不饱满，产量低。

（二）玉米霜霉病病原

病原为玉蜀黍指霜霉、菲律宾指霜霉、甘蔗指霜霉、高粱指霜霉、大孢指疫霉玉蜀黍变种，均属鞭毛菌亚门真菌。

（三）玉米霜霉病发病规律

玉米5~6叶期，温度25℃，相对湿度80%，最容易发病。早玉米在4月、晚玉米在8月为发病盛期。早玉米在惊蛰前播种的发病轻，清明后播种的发病重；晚玉米立秋前播种的发病重，立秋后播种的发病轻。一般雨水多、排水不良和靠近河岸的地块最容易发病。

（四）玉米霜霉病防治措施

（1）玉米播种前，清理田间的病残株，铲除田边杂草，并集中烧毁或沤制堆肥。

（2）用50%瑞毒霉0.5千克加水250千克浸种24小时，然后洗净晾干播种。

（3）春玉米在惊蛰前、晚玉米在立秋前后播种。

（4）玉米生长过程中，结合中耕除草，清理畦沟，防止雨后积水，降低田间湿度。

（5）发病初期，用50%瑞毒霉100克加水100千克，或用1∶1∶150的波尔多液喷雾，每7天喷1次，连喷2次。若先拔除病株后喷药，瑞毒霉的防治效果可达92%。波尔多液中加大蒜液可以提高药效。

十五、玉米灰斑病

　　玉米灰斑病是近年来我国玉米生产上发生的一种重要病害，在北方玉米产区为害性很大，是不容忽视的玉米新的叶部病害。一些年份在辽宁局部地区和山东东部沿海地区发生严重，给玉米生产造成较大影响。自2002年以来，一种由玉米尾孢引起的灰斑病在西南玉米种植区迅猛扩展，成为云南、贵州、四川和湖北等省高海拔山地玉米生产中危害重、损失大的病害，2011年在湖北恩施，灰斑病在感病品种上发病率达100%，病级在5级以上。玉米尾孢引发的灰斑病已借助西南季风的作用从云南向北向东扩展，发病区域包括了云南大部、贵州西部、四川大部、重庆、湖北西部、陕西的陕南和关中地区、甘肃东部及陇南地区、河南西部山区。2017—2018 年玉米尾孢灰斑病已经扩散至陕西延安市甘泉县和榆林市定边县。玉米尾孢具有较玉蜀黍尾孢更强的致病力，其一旦进入北方玉米主产区，有可能取代玉蜀黍尾孢的地位，形成对北方春玉米区新的重大病害威胁。

（一）玉米灰斑病症状

病害主要发生在叶片上，也侵染叶鞘和苞叶。发病初期，在叶片上出现点状的浅褐色病斑，逐渐变为灰色、灰褐色或黄褐色，有的病斑边缘为褐色。病斑沿叶脉方向扩展并受到叶脉限制，典型病斑的两端较平。呈长方形，大小为（3~15）毫米×（1~2）毫米，少数可达 30 毫米，在具有一定抗性的品种上，病斑为长圆形的小斑，边缘褐色。田间湿度大时，在病斑两面产生黑色霉层，即病菌的分生孢子梗和分生孢子。在感病品种上，病斑密集，常相连成片而造成叶片枯死，导致籽粒灌浆不足，产量降低。

（二）玉米灰斑病病原

病原为玉蜀黍尾孢菌，属半知菌亚门真菌。

（三）玉米灰斑病发病规律

病原菌随病残体越冬，为初侵染源，进行重复侵染。7—8 月多雨的年份易发病，个别地块可引起大量叶片干枯。病原菌在干燥的条件下能够在病残体上安全越冬，但在潮湿的地表层下的病残体不能越冬。地势和种植形式对其发生有较大影响，而播期、种植密度、地势、肥料对玉米灰斑病的影响不大。

（四）玉米灰斑病防治措施

（1）选用对灰斑病有较好抗性的品种；通过秋翻春耙压低田间的初侵染源；采用间作种植形式来改善田间小气候，降低田间的相对湿度，从而达到控制病害发生和流行的目的；病害发生严重的地块必须采用化学防治，防病的同时也能有效地减少病原菌后期的越冬数量。收获后及时清除病残体，进行大面积轮作。加强田间管理，雨后及时排水，防止湿气滞留。

（2）发病初期喷药，常用药剂有80%炭疽福美可湿性粉剂800倍液，或用30%苯甲·丙环唑乳油3 000倍液，或用80%甲基硫菌灵可湿性粉剂800倍液，或用45%代森铵水剂每亩100~150克，或用75%百菌清可湿性粉剂800倍液，或用25%丙环唑乳油3 000倍液。

十六、玉米疯顶病

玉米疯顶病主要为害玉米、高粱、谷子、水稻、小麦、大麦、黑麦、燕麦、珍珠稷、甘蔗等作物以及多数禾草。中国各玉米栽培地区都有发生。

（一）症状

疯顶病是玉米的全株性病害，病株雌、雄穗增生畸形，结实减少，严重的颗粒无收。玉米全生育期都可发病，症状因品种与发病阶段不同而有差异。早期病株叶色较浅，叶片卷曲或带有黄色条纹。病株变矮并分蘖增多，有的株高甚至不到1米，不及健株的一半，分蘖多者可达6~10个。抽雄以后症状明显，类型复杂多样。最常见的症状是雄穗增生畸形，小花叶化，即雄穗小花都变为叶柄较长的变态小叶，大量小叶簇生，使雄穗变为刺猬状。有的病株雄穗上部正常，下部增生畸形，呈圆形绣球状。由于病株雄穗增生疯长，故称"疯顶病"。

在田间还经常看到疯顶病菌与瘤黑粉病菌复合侵染，病株既表现疯顶病的畸形特征，又出现瘤黑粉病的肿瘤。

（二）传播途径

玉米疯顶病是系统侵染的病害。病原菌主要以卵孢子在病残体或土壤中越冬。玉米播种后，在饱和湿度的土壤中，卵孢子萌发，相继产生孢子囊和游动孢子，游动孢子萌发后侵入寄主。高温高湿时，孢子囊萌发直接产生芽管而侵入。玉米幼芽期是适宜的侵染时期，病原菌通过玉米幼芽鞘侵入，在植株体内系统扩展而发病。

病株种子带菌，可以远距离传病，成为新病区的初侵染菌源。严重发病的植株结实很少，其籽粒的种皮、胚乳等部位都可能带有卵孢子和菌丝。有人发现在疯顶病病田中，外观正常植株所结出的籽粒带菌率很高，传病的危险性更大。发病地区所制玉米种子完全有可能混有多数带菌种子。

（三）发病条件

玉米播种后到 5 叶期前，田间长期积水是疯顶病发病的重要条件。玉米发芽期田间淹水，尤其利于病原菌侵染和发病。春季降水多或田块低洼，土壤含水量高，发病加重。小麦和玉米带状套种也有利于发病。玉米自交系和杂交种之间，抗病性差异明显。大面积种植感病杂交种，是疯顶病多发的重要原因。

（四）化学防治方法

发病初期喷洒 90%乙膦铝可湿性粉剂 400 倍液或 64%杀毒矾可湿性粉剂 500 倍液、72%杜邦克露或克霜氰或霜脲锰锌（克抗灵）可湿性粉剂 700 倍液、12%绿乳铜乳油 600 倍液。对上述杀菌剂产生抗药性的地区，可改用 69%安克锰锌可湿性粉剂或水分散颗粒剂 1 000 倍液。

十七、玉米炭疽病

玉米炭疽病在我国玉米各产区均有发生。

（一）玉米炭疽病症状

主要为害叶片。病斑梭形至近梭形，中央浅褐色，四周深褐色，病部生有黑色小粒点，即病菌分生孢子盘，后期病斑融合，致叶片枯死。

（二）玉米炭疽病病原

病原为禾生炭疽菌，属半知菌亚门真菌。

（三）玉米炭疽病发病规律

病菌以分生孢子盘或菌丝块在病残体上越冬。翌年产生分生孢子借风雨传播，进行初侵染和再侵染。高温多雨易发病。

（四）玉米炭疽病防治措施

（1）实行 3 年以上轮作，深翻土壤，及时中耕，提高地温。

（2）播种或移栽前，清除田间及四周杂草，集中烧毁或沤肥；深翻地灭茬，促使病残体分解，减少病源和虫源。

（3）选用抗病品种，选用无病、包衣的种子，如未包衣则种子需用拌种剂或浸种剂灭菌。用种子重量 0.5%的 50%苯菌灵可湿性粉剂拌种。

（4）育苗移栽或播种后用药土覆盖，移栽前喷施一次除虫灭菌剂。

（5）适时早播，早移栽、早间苗、早培土、早施肥，及时中耕培土，培育壮苗。

（6）及时喷施除虫灭菌药，防治蚜虫、灰飞虱、玉米螟及地下害虫，断绝虫害传毒、传菌途径；防止病菌、病毒从害虫造成的伤口进入而为害植株。

（7）必要时喷洒 25%炭特灵可湿性粉剂 500 倍液，或用 50%甲基硫菌灵可湿性粉剂 800 倍液，或用 50%苯菌灵可湿性粉剂 1 500 倍液，或用 80%炭疽福美可湿性粉剂 800 倍液。

十八、玉米纹枯病

玉米纹枯病是一种土传病害，在世界各玉米产区普遍发生，自 20 世纪 70 年代中后期，玉米纹枯病的发生加重、蔓延加速，是西南丘陵玉米区的首要病害；80 年代于四川盆地、长江中下游和广东、广西等南方高温高湿玉米产区为害严重；90 年代在华北和东北玉米产区形成病害，近年来该病为害有加重趋势。一般田块发病

率为 10%~30%，重病田达 50% 以上，甚至 100%。随着玉米种子面积的迅速扩大和高产栽培技术的推广，纹枯病发展蔓延迅速，已成为制约玉米持续增产的主要障碍。

（一）玉米纹枯病症状

玉米纹枯病由立枯丝核菌侵染引起，除为害玉米外，还侵染水稻、小麦、高粱等多种禾本科作物，在玉米上主要为害玉米的叶鞘、果穗和茎秆。在叶鞘和果穗苞叶上的病斑为圆形或不规则形，淡褐色，水渍状，病、健部界线模糊，病斑连片愈合成较大型云纹斑块，中部为淡土或枯草白色、边缘褐色，湿度大时发病部位可见茂盛的菌丝体，后结成白色小绒球，逐渐变成褐色、大小不一的菌核。有时在茎基部数节出现明显的云纹状病斑。病株茎秆松软，组织解体。果穗苞叶上的云纹状病斑也很明显，造成果穗干缩、腐败。

（二）玉米纹枯病病原

病原为立枯丝核菌，属半知菌亚门真菌。

（三）玉米纹枯病发病规律

玉米纹枯病以菌核在土壤中越冬，翌年侵染玉米，先在玉米茎基部叶鞘上发病，逐渐向上和四周发展，一般在玉米拔节期开始发病，抽雄期病情发展快，吐丝灌浆期受害重。玉米连茬种植田块、土壤中积累的菌源量大，发病重；高肥水条件下，玉米生长旺盛，加之种植密度过大，增加了田间湿度，透风透光不良，容易诱发病害；倒伏玉米使病、健株接触，为病害传染扩散创造了有利条件，使病情重。7—8 月降水次数多，降水量大，易诱发病害。

（四）玉米纹枯病防治措施

（1）叶片过于宽大、生育期长的杂交品种发病重，叶片大小适中并向上倾斜生长的品种，田间通风透光条件好，发病轻。

（2）合理施肥，避免偏施氮肥，做到氮、磷、钾配合使用，合理密植，提倡宽窄行种植，低洼地注意排水，降低田间湿度，增强植株抗病力，减轻发病。在发病初期，剥除玉米植株下部的部分有病叶鞘，可减轻发病，也不影响产量，玉米收获后及时清除田间病残株，并进行深耕翻土，以消灭越冬菌源。

（3）播前药剂拌种。每100千克种子可用5%戊唑醇悬浮种衣剂100克拌种。

（4）于发病初期，每亩用5%井冈霉素100~150毫升，或用25%丙环唑乳油10~15毫升，或用25%粉锈宁可湿性粉剂10~15克，或用30%苯甲·丙环唑乳油加水30~45千克，对准发病部位均匀喷雾。也可选用50%甲基托布津粉剂500~800倍液，或用80%多菌灵可湿性粉剂500~800倍液均匀喷雾。一般间隔7~10天再用药防治1次，连喷2次，提高药剂的防治效果。

十九、玉米斑枯病

（一）玉米斑枯病症状

斑枯病主要为害叶片。初生病斑椭圆形，红褐色，后中央变为灰白色、边缘浅褐色的不规则形斑，致叶片局部枯死。两者常混合发生，较难区别。

（二）玉米斑枯病病原

玉米斑枯病病原分为玉蜀黍生壳针孢和玉蜀黍壳针孢，均属半知菌亚门真菌。玉蜀黍生壳针孢分生孢子器扁圆形，生在叶片两面，散生或聚生埋生，孔口微露，器壁褐色，炭质，大小69~135微米，分生孢子近圆柱形或圆柱形至针形，无色或略带浅绿色，直或稍弯，基部近截形，端稍尖，具隔膜1~4个，大小（13~33）微米×（2.5~3.5）微米。玉蜀黍壳针孢分生孢子器大小90~210微米，分生孢子线形或鞭形，无色透明，顶端较尖，基部钝圆，微弯至弯曲，具隔膜8个，大小（42~80）微米×（2~

2.5）微米。

（三）玉米斑枯病传播途径和发病条件

两菌均以菌丝和分生孢子器在病残体或种子上越冬，成为翌年初侵染源。一般分生孢子器吸水后，器内胶质物溶解，分生孢子逸出，借风雨传播或被雨水反溅到植株上，从气孔侵入，后在病部产生分生孢子器及分生孢子扩大为害。冷凉潮湿的环境利其发病。

（四）玉米斑枯病防治方法

（1）及时收集病残体烧毁。

（2）结合防治玉米其他叶斑病，及早喷洒75%百菌清可湿性粉剂1 000倍液加70%甲基硫菌灵可湿性粉剂1 000倍液，或75%百菌清可湿性粉剂1 000倍液加70%代森锰锌可湿性粉剂1 000倍液、40%多·硫悬浮剂500倍液、50%复方硫菌灵可湿性粉剂800倍液，隔10天左右1次，连续防治1~2次。

二十、玉米链格孢菌叶枯病

（一）玉米链格孢菌叶枯病症状

该病主要在玉米生长后期为害叶片、叶鞘及苞叶。初期病部现水渍状小圆斑点，逐渐扩展成椭圆形至近圆形的病斑，中央灰白色至枯白色，边缘红褐色，病、健部交界明显。病斑扩展不受叶脉限制，大小（6~13）毫米×（4~8）毫米。后期病部可见黑色霉层，一些病斑

中间破裂穿孔，严重的整株叶片病斑满布，呈撕裂状干枯坏死。近年河南新乡发病率14%~53%，为害有上升之势。

（二）玉米链格孢菌叶枯病病原

玉米链格孢菌叶枯病病原是链格孢，属半知菌亚门真菌。分生孢子梗淡褐色，直或稍弯曲。分生孢子3~6个串生，梭形、椭圆

形、卵形、倒棒状，形状不一致，褐色至淡褐色，无喙或喙短，喙长不超过孢子的 1/3，分生孢子光滑或具瘤，孢痕明显，大小为（13~68）微米 ×（7~13）微米，具横隔膜 1~7 个，多为 4~5 个，隔膜处缢缩，纵隔膜 0~3 个。喙大小为（0~20.8）微米 ×（0~5.2）微米，分隔数 0~1 个。在病组织上分生孢子梗单生或 3~4 根丛生，淡褐色至褐色，顶端细胞色淡或上下色泽均匀，多屈曲状，少数直，不分枝或少有不规则分枝，孢痕明显，基细胞膨大，具 2~8 个分隔。该菌寄生性不强，但寄主范围广。

（三）玉米链格孢菌叶枯病传播途径和发病条件

病菌以菌丝体和分生孢子在病残体上或随病残体遗落土中越冬，翌年产生分生孢子进行初侵染和再侵染。该菌寄生性虽不强，但寄主种类多，分布广泛，在其他寄主上形成的分生孢子，也是玉米生长期中该病的初侵染和再侵染源。一般成熟老叶易染病，雨季或管理粗放、植株长势差，利于该病扩展。

（四）玉米链格孢菌叶枯病防治方法

（1）培育、选择抗病品种。

（2）按配方施肥要求，充分施足基肥，适时追肥。

（3）喷洒 5% 百菌清可湿性粉剂 600 倍液或 50% 扑海因可湿性粉剂 1 000 倍液、50% 速克灵可湿性粉剂 1 500 倍液、70% 代森锰锌可湿性粉剂 500 倍液，隔 7~15 天 1 次，防治 2~3 次。

二十一、玉米轮纹斑病

玉米轮纹斑病，是在玉米种植期间玉米的叶片部分容易发作的一种真菌病害。病源为高粱胶尾孢，属于真菌界半知菌亚门。初期出现紫红色或红色轮纹病斑，但特征不明显；后期出现明显轮纹病斑。这种病害可以通过喷洒农药等

方式来防治。

（一）玉米轮纹斑病症状

主要为害叶片。初在叶面上产生圆形至椭圆形的褐色至紫红色病斑，后期轮纹较明显。病斑汇合后很像豹纹，致叶片枯死。湿度大时，叶背可见微细橙红色黏质物，即病原菌的子实体。

（二）玉米轮纹斑病病原形态特征

高粱胶尾孢菌，属半知菌亚门真菌。分生孢子梗多根，单生，无色，具隔膜 0~2 个，大小（6~20）微米×（1.5~2.5）微米；分生孢子生在成团的橙红色黏质基物里，线形，无色，顶端略尖，具不明显的隔膜 4~8 个，大小（32~112）微米×（3~4）微米。该病 7 月发生，多雨年份扩展迅速，分布普遍。

（三）玉米轮纹斑病传播途径和发病条件

病菌随种子或病残体越冬。翌年田间发病后，苗期发病可造成死苗。成株期发病病斑上产生大量分生孢子，借气流传播，进行多次再侵染，不断蔓延扩展或引起流行。玉米品种间发病差异明显。多雨的年份或低洼高湿田块普遍发生，致叶片提早干枯死亡。

二十二、玉米弯孢霉菌叶斑病

玉米弯孢霉菌叶斑病主要为害叶片，有时也为害叶鞘、苞叶。

（一）玉米弯孢霉菌叶斑病症状

典型症状为初生褪绿小斑点，逐渐扩展为圆形至椭圆形褪绿透明斑，中间枯白色至黄褐色，边缘暗褐色，四周有浅黄色晕圈，大小（0.5~4）毫米×（0.5~2）毫米，

大的可达 7 毫米×3 毫米。湿度大时，病斑正、背两面均可见灰色分生孢子梗和分生孢子，背面居多。该病症状变异较大，在一些自交系和杂交种上，有的只生一些白色或褐色小点。可分为抗病型、

中间型、感病型3个类型。抗病型如'唐玉5号'，病斑小，1~2毫米，圆形、椭圆形或不规则形，中间灰白色至浅褐色，边缘无或有细褐色环带，外围具狭细半透明晕圈。中间型如'E28'，病斑小，1~2毫米，圆形、椭圆形或不规则形，中央灰白色或淡褐色，边缘具窄或较宽的褐色环带，外围褪绿晕圈明显。

（二）玉米弯孢霉菌叶斑病形态特征

在 PDA 平皿上菌落墨绿色丝绒状，呈放射状扩展，老熟后呈黑色，表面平伏状。分生孢子梗褐色至深褐色，单生或簇生，较直或弯曲，大小（52~116）微米×（4~5）微米。分生孢子花瓣状聚生在梗端。分生孢子暗褐色，弯曲或呈新月形，大小（20~30）微米×（8~16）微米，具隔膜3个，大多4胞，中间2细胞膨大，其中第3个细胞最明显，两端细胞稍小，颜色也浅。

（三）玉米弯孢霉菌叶斑病防治方法

1. 选育和种植抗病品种

高抗的自交系和杂交种有 M017、苏唐白、豫12、豫20、502、唐玉5号、中单2号、冀单22号、中玉5号、丹玉13、8503、9011×黄早4、廊玉5号、唐抗5号、沈单7、掖单18 等；中抗的自交系和杂交种有综31、获唐黄、文黄、鲁凤92、L105、8112、许052、掖单51、掖单52、唐抗1、冀单24、鲁玉10、烟单14、反交烟单14、京早10、农大60、太合1号、沪单2、7505、1243、H21×8112 等。

2. 栽培防病

（1）轮作换茬和清除田间病残体。

（2）适当早播。

（3）提倡施用酵素菌沤制的堆肥或充分腐熟有机肥。

3. 药剂防治

提倡选用40%新星乳油10 000倍液或6%乐必耕可湿性粉剂2 000倍液、50%退菌特可湿性粉剂1 000倍液、12.5%特普唑（速保利）可湿性粉剂4 000倍液、50%速克灵可湿性粉剂2 000倍液、

58%代森锰锌可湿性粉剂 1 000 倍液。施药方法应掌握在玉米大喇叭口期灌心，效果较喷雾法好，且容易操作。如采用喷雾法可掌握在病株率达 10%左右喷第 1 次药，隔 15~20 天再喷 1~2 次。

二十三、玉米圆斑病

（一）玉米圆斑病症状

为害果穗、苞叶、叶片和叶鞘。国内发现该病主要为害"吉 63"自交系。果穗染病从果穗尖端向下侵染，果穗籽粒呈煤污状，籽粒表面和籽粒间长有黑色霉层，即病原菌的分生孢子梗和分生孢子。病粒
呈干腐状，用手捻动籽粒即成粉状。苞叶染病现不整形纹枯斑，有的斑深褐色，一般不形成黑色霉层，病菌从苞叶伸至果穗内部，为害籽粒和穗轴。叶片染病初生水浸状浅绿色至黄色小斑点，散生，后扩展为圆形至卵圆形轮纹斑。病斑中部浅褐色，边缘褐色，外围生黄绿色晕圈，大小（5~15）毫米×（3~5）毫米。有时形成长条状线形斑，病斑表面也生黑色霉层。叶鞘染病时初生褐色斑点，后扩大为不规则形大斑，也具同心轮纹，表面产生黑色霉层。圆斑病穗腐病侵染自交系'478'时，果穗尖端黑腐的长度为 5.3~9.3 厘米，占果穗长的 2/5~3/5，果穗基部则不被侵染。在'吉 63'自交系果穗上的症状与玉米小斑病菌 T 小种侵染 T 型不育系果穗上的症状相似，应注意区别。该病在自交系'478'及'吉 63'上症状不同，可能是不同的反应型。分布在吉林、辽宁、河北等省。

（二）玉米圆斑病病原

玉米圆斑病病原为炭色长蠕孢，属半知菌亚门真菌。分生孢子梗暗褐色，顶端色浅，单生或 2~6 根丛生，正直或有膝状弯曲，两端钝圆，基部细胞膨大，有隔膜 3~5 个，大小（64.4~99.0）微米×（7.3~9.9）微米。分生孢子深橄榄色，长椭圆形，中央宽，两端渐窄，孢壁较厚，顶细胞和基细胞钝圆形，多数正直，脐点小，不明显，具隔膜 4~10 个，多为 5~7 个，大小（33~105）微米×（12~17）微米。该菌有小种分化。

（三）玉米圆斑病传播途径和发病条件

该病传播途径与大小斑病相似。由于穗部发病重，病菌可在果穗上潜伏越冬。翌年带菌种子的传病作用很大，有些染病的种子不能发芽而腐烂在土壤中，引起幼苗发病或枯死。此外遗落在田间或秸秆垛上残留的病株残体，也可成为翌年的初侵染源。条件适宜时，越冬病菌孢子传播到玉米植株上，经 1~2 天潜育萌发侵入。病斑上又产生分生孢子，借风雨传播，引起叶斑或穗腐，进行多次再侵染。玉米吐丝至灌浆期，是该病侵入的关键时期。

（四）玉米圆斑病防治方法

（1）选用抗病品种，目前生产上抗圆斑病的自交系和杂交种有：二黄、铁丹 8 号、英 55、辽 1311、吉 69、武 105、武 206、齐 31、获白、H84、017、吉单 107、春单 34 等。

（2）严禁从病区调种，在玉米出苗前彻底处理病残体，减少初侵染源。

（3）在玉米吐丝盛期，即 50%~80%果穗已吐丝时，向果穗上喷洒 25%粉锈宁可湿性粉剂 500~600 倍液或 50%多菌灵、70%代森锰锌可湿性粉剂 400~500 倍液，隔 7~10 天 1 次，连续防治 2 次。

（4）对感病品种也可在播种前用种子重量 0.3%的 15%三唑酮可湿性粉剂拌种。

（5）对感病的自交系或品种，于果穗青尖期喷洒 25%三唑酮

（粉锈宁）可湿性粉剂 1 000 倍液或 40% 福星乳油 8 000 倍液，隔 10~15 天一次，防治 2~3 次。

二十四、玉米叶斑病

（一）玉米叶斑病症状

玉米叶斑病主要为害叶片和苞叶。病斑不规则、透光，中央灰白色，边缘褐色，上生黑色小点，即病原菌的子囊座。主要发生地区：吉林、辽宁、河南等省。

玉米叶斑病也分很多种，要学会如何区分不同的叶斑病。

区分几种病害可以着重观察以下几个方面：首先是病斑的大小和形状。玉米大斑病的病斑最大，长梭形，长 5~10 厘米，其他几种病害的单个病斑都比较小，如小斑病病斑长度只有 1~2 厘米、灰斑病和弯孢霉菌叶斑病的病斑长度 0.5 毫米至 3 厘米，呈椭圆形，锈病和炭疽病的病斑更小，只有几毫米。不过我们经常看到的是几个病斑愈合在一起，形状和大小也就很不规则了。从病斑的颜色看，褐斑病最深，为褐色或紫褐色，锈病夏孢子堆黄褐色，灰斑病病斑浅灰色，后期变成灰褐色或黄褐色，其他几种多为病斑中间枯白色，边缘暗褐色，四周有浅黄色晕圈。生长后期病斑都能产生一些传播病害的器官，如炭疽病的病斑上会长出多个小黑点（可以产生分生孢子），锈病散出黄褐色粉末（夏孢子粉），褐斑病组织破裂，散出褐色粉末（休眠孢子囊），天气潮湿时几种病斑背面都能长出颜色各异的霉层，大斑病的黑色，小斑病的褐色，灰斑病的灰色。几种病害的发生规律大体相似，病菌都以病残体越冬，借风雨传播，病害一般从下部叶片开始发生，高温高湿天气有利于病害流行。

（二）防治措施

（1）选用抗病品种。

（2）清除病株残体，包括发病早期摘除下部病叶、收获季节清除田间秸秆和深耕灭茬。

（3）实行轮作，合理密植，适时早播，增施有机肥，提高栽培管理水平。

（4）发病初期及时采取药剂防治。可以轮换使用以下药剂：50%多菌灵可湿性粉剂 500～600 倍液、75%百菌清可湿性粉剂 600～800 倍液、65%代森锌可湿性粉剂 400～500 倍液，以及甲基硫菌灵（甲基托布津）、丙环唑、噁醚唑（世高）、咯菌清（适乐时、蓝宝石）等药剂。

二十五、玉米叶鞘紫斑病

玉米叶鞘紫斑病主要为害玉米的叶鞘、苞叶。玉米灌浆中后期，中上部叶鞘或苞叶上产生绿豆大小的黑褐色斑块，有的稍带紫色，后在叶鞘及苞被上产生不规则或近圆形紫斑。

（一）玉米叶鞘紫斑病发病特点

病菌以分生孢子器、菌丝体随病残组织在土壤中越冬，翌年产生分生孢子进行初侵染，显症后病部又产生分生孢子进行再侵染。7—8 月气温高，蚜虫发生猖獗有利于该病的发生和扩展，尤其是天气转冷时，蚜虫分泌的糖液、排出的粪物混合在内发霉，造成外面的块块斑痕，蚜虫在叶鞘内繁殖迅速。

（二）防治方法

抽雄前防止蚜虫向叶鞘转移是防治叶鞘紫斑病的关键。

1. 因地制宜种植抗病品种

2. 清洁田园

玉米收获后清除田间病残体，减少来年菌量。

3. 治蚜防病

（1）改善耕作制度。采用小麦套种玉米栽培法比麦后播种的玉米提早 10~15 天，能避开蚜虫繁殖的盛期，可减轻为害。

（2）种子处理。用玉米种子重量 0.1% 的 10% 吡虫啉可湿粉剂浸拌种，播后 25 天防治苗期蚜虫、蓟马、飞虱效果优异。

（3）药剂防治。玉米进入拔节期，发现中心蚜株可喷撒 0.5% 乐果粉剂或 40% 乐果乳油 1 500 倍液。当有蚜株率达 30%~40%，出现"起油株"（指蜜露）时应进行全田普治，撒施乐果毒沙，每亩用 40% 乐果乳油 50 克兑水 500 升稀释后喷在 20 千克细沙土上，边喷边拌，然后把拌匀的毒沙均匀地撒在植株上。也可喷洒 25% 爱卡士或 50% 辛硫磷乳油 1 000 倍液，每亩用药量 50 克，或喷撒 1.5%1605 粉剂 2~3 千克/亩。

还可在喇叭口内撒施 1605 颗粒剂，可兼治蓟马、玉米螟、黏虫等。此外，还可选用 10% 吡虫啉可湿性粉剂 2 000 倍液、10% 赛波凯乳油 2 500 倍液、2.5% 保得乳油 2 000~3 000 倍液、20% 康福多浓可溶剂 3 000~4 000 倍液等喷雾。

二十六、玉米红叶病

黄早四组配良种在灌浆期若遇低温、阴雨，叶片发红，称为红叶病。

（一）病因

该病发生与本品种灌浆快有关，当大量合成的糖分因代谢失调不能迅速转化则变成花青素，绿叶变红。

（二）防治方法

（1）严重发生地区，不要在黏湿地上种植。

（2）注意防低温，增施磷钾肥。

二十七、玉米细菌性条纹病

（一）玉米细菌性条纹病症状及病原

在玉米叶片、叶鞘上生褐色至暗褐色条斑或叶斑，严重时病斑融合。有的病斑呈长条状，致叶片呈暗褐色干枯。湿度大时，病部溢出很多菌脓，干燥后成褐色皮状物，被雨水冲刷后易脱落。病原为须芒草假单胞菌（高粱细菌条纹病假单胞菌），属细菌，菌体杆状，大小（1~2）微米×（0.5~0.7）微米，有1根具鞘的鞭毛，很少2根，单极生，不产生荧光色素，革兰氏染色阴性，不抗酸，好气性。在肉汁洋菜培养基上菌落圆形，光滑，白色有光泽，稍隆起，生长迟缓，黏稠。生长适温22~30℃，最高37~38℃，最低5~6℃，48℃经10分钟致死。除侵染玉米外，还可侵染高粱、豆科、咖啡等。

（二）玉米细菌性条纹病传播途径和发病条件

病原细菌在病组织中越冬。翌春经风雨、昆虫或流水传播，从伤口或气孔、皮孔侵入，病菌深入内部组织引起发病。高温多雨季节、地势低洼、土壤板结易发病，伤口多、偏施氮肥发病重。

（三）玉米细菌性条纹病防治方法

（1）提倡施用酵素菌沤制的堆肥，多施河泥等充分腐熟有机肥。

（2）加强田间管理，地势低洼多湿的田块雨后及时排水。

二十八、玉米细菌性萎蔫病

又称玉米细菌性叶枯病、斯氏细菌枯萎病、斯氏叶枯病、玉米欧氏菌萎蔫病等，属全株系统性维管束病害，是我国重要外检对象。该病最初的症状是萎蔫，叶片现灰绿色至黄色线状条斑，有不规则形或波浪形的边缘，与叶脉平行，严重的可延伸到全叶。这些条斑迅速变黄褐干枯，在近

地面处茎的髓部变为中空。细菌通过维管束扩展，有时从维管束切口处流出黄色细菌脓液。有的还能进入籽粒。受害株变矮或雄花过早变白死亡。该病分布在美国、加拿大、墨西哥、巴西、秘鲁、圭亚那、意大利、波兰、罗马尼亚、泰国、越南、马来西亚等。

（一）玉米细菌性萎蔫病病原

病原为斯氏欧文氏菌（玉米斯氏萎蔫病欧文氏菌），属细菌。细菌杆状，无鞭毛，格兰氏染色阴性大小（0.9～2.2）微米×（0.4~0.8）微米。

（二）玉米细菌性萎蔫病传播途径和发病条件

种子可以带菌。病菌还可在玉米跳甲体内越冬，带菌跳甲也可传播此病。玉米跳甲在该病菌越冬和传播上具有重要作用。此外，微量元素影响玉米对该菌侵染的敏感性。施用过多铵态氮和磷肥可增加感病性，高温有利于该病流行。甜玉米不抗病，马齿型玉米发病较轻。

（三）玉米细菌性萎蔫病防治方法

1. 农业防治

（1）播种或移栽前，清除田间及四周杂草，集中烧毁或沤肥；深翻地灭茬，促使病残体分解，减少病原和虫原。

（2）和非本科作物轮作，水旱轮作。

（3）选用抗病品种，选用无病、包衣的种子，如未包衣则种子须用拌种剂或浸种剂灭菌。

（4）育苗移栽或播种后用药土覆盖，移栽前喷施一次灭菌剂，这是防病的关键。

（5）适时早播，早移栽、早间苗、早培土、早施肥，及时中耕培土，培育壮苗。

（6）选用排灌方便的田块，开好排水沟，降低地下水位，达到雨停无积水；大雨过后及时清理沟系，防止湿气滞留，降低田间湿度，这是防病的重要措施。

（7）土壤病菌多或地下害虫严重的田块，在播种前撒施或穴施灭菌杀虫的药土。

（8）施用酵素菌沤制的堆肥或腐熟的有机肥，不用带菌肥料；采用配方施肥技术，适当增施磷钾肥，加强田间管理，培育壮苗，增强植株抗病力，有利于减轻病害。

（9）地膜覆盖栽培；合理密植，及时摘除茎部处 2~3 片叶子，增加田间通风透光度；及时清除病株、老叶，集中烧毁，病穴施药。

（10）及时喷施杀虫剂，防治好蚜虫、灰飞虱、玉米螟及地下害虫，断绝虫害传毒、传菌途径；防止病菌、病毒从害虫伤害的伤口进入而为害植株。

（11）间苗、定苗时注意拔除枯心苗，集中深埋或烧毁。

（12）禁止从疫区引进种子和种苗，用种子检测法进行检疫；选用抗病品种和无病种子。

2. 生物防治

（1）防病用药。

浸种剂：80%抗菌剂 402 水剂 5 000 倍液浸种 24 小时后，捞出晾干即可播种。

发病时喷淋或灌根：80%抗菌剂 402 水剂 5 000 倍液、5%井冈霉素水剂 1 500 倍液、72%农用硫酸链霉素 4 000 倍液。

（2）生长期防治玉米跳甲用药。0.3%苦参碱水剂800～1 000倍液、2.5%鱼藤酮乳油1 000倍液、0.6%氧苦·内酯水剂1 000倍液、1%蛇床子素水乳剂400倍液、0.3%印楝素乳油600～1 000倍液、0.5%藜芦碱醇溶液800～1 000倍液、25%杀虫双水剂500～600倍液、1%甲氨基阿维菌素苯甲酸盐微乳剂2 000～4 000倍、2.5%高氯·阿维菌素微乳剂3 000倍液、10%高渗烟碱水剂1 000倍液、15%蓖麻油酸烟碱乳油800～1 000倍液、0.65%茼蒿素水剂400～500倍液。

3. 化学防治

（1）拌种剂。卫福（40%萎锈·福美双悬浮种衣剂）25毫升+150～200克水混匀拌玉米种5千克，通风处晾干即可播种。

（2）药土。40%拌种双可湿性粉剂，或50%多菌灵可湿性粉剂，或50%甲基硫菌灵可湿性粉剂，或75%百菌清可湿性粉剂1份+克线丹颗粒剂或米乐尔颗粒剂1份+干细土20份。穴施或小喇叭口期点施。

（3）防治玉米跳甲用药。出苗后4～5叶期或定苗期喷施5%氯氰菊酯乳油2 500倍液、5%来福灵乳油2 500倍液、2.5%溴氰菊酯乳油3 000倍液、2.5%敌百虫粉剂、3%速灭威粉剂，每亩1.5～2千克。注意事项：该病的防治主要是加强栽培管理，提高植株抗性，选育抗病品种，防治好玉米跳甲。

二十九、玉米细菌性茎腐病

玉米茎腐病又称茎基腐病，成株期茎基部腐烂是该病的主要特征。近年来由于种植结构的调整和气候变化，玉米细菌性茎腐病已由常年的偶发性病害，上升为玉米生产的重要病害，并且有逐年加重的趋势。该病一旦发生即发展迅速，为害重，发生后轻者减产10%～30%，重者减产达50%以上。

（一）玉米细菌性茎腐病症状

主要为害中部茎秆和叶鞘。玉米10多片叶时，叶鞘上初现水

渍状腐烂，病组织开始软化，散发出臭味。叶鞘上病斑不规则形，边缘浅红褐色，病、健组织交界处水渍状尤为明显。湿度大时，病斑向上下迅速扩展，严重时植株常在发病后 3～4 天病部以上倒折，溢出黄褐色腐臭菌液。干燥条件下扩展缓慢，但病部也易折断，造成不能抽穗或结实。江苏、河南、山东、四川、广西均有发生。

　　该病是细菌引起的一种病害，其发生症状类型较多，田间常见的是软腐型和晚枯型两种，软腐型早于晚枯型，且在田间混合发生。软腐型茎腐病一般从玉米苗高 50～60 厘米时就开始发病，玉米抽雄前后最明显。其症状开始表现常局限于距地面的一定节间上，发展迅速。发病初期植株下部叶鞘上产生不明显较大的褐色病斑，后逐渐在叶鞘上部和一些下部叶片上形成褐色斑。同时，着生叶或叶鞘的节间也开始发病，且连同叶鞘凹陷、皱缩，继而表现软化、水渍状、溃烂、茎扭曲，形成深褐色，腐败臭味，腐烂茎向上或向下蔓延，一般可深入内部扩展，但病茎不完全破裂，维管束组织保持完好。最初植株还能挺立维持几个星期绿色，最后罹病部褐色折腰枯死，故称烂腰病。晚枯型茎腐病的发生常出现在玉米的灌浆至蜡熟期。一般发病较快，常在短期内植株出现症状，并迅速扩大，大量枯死。其发生症状是叶片自下而上突然萎蔫枯死，但叶片呈灰绿色，似水烫一样；茎秆地上部 1~2 节变色变软，出现水渍状棱形或椭圆形病斑，最后罹病部节间失水干缩，果穗下垂，易折倒。但这种病型其节间内部节髓组织腐烂，病株的根系变褐腐烂、破裂，病根部皮层易脱落，须根减少，病株易拔起。

(二) 玉米细菌性茎腐病发生规律

玉米细菌性茎腐病属细菌性病害，该病病原为软腐欧氏菌玉米专化型玉米假单胞杆菌。病菌主要在土壤中的病残体上越冬，翌年从植株气孔或害虫伤口等侵入，一般在玉米有 10 多张叶片时开始发病，发病植株叶鞘出现水渍状腐烂，病组织开始软化，散发出臭味。害虫为害造成的伤口有利于病菌侵入。此外，害虫携带病菌也会起到传播和接种的作用，如玉米螟、棉铃虫等虫口数量大时，该病的发生发展就会严重，高温高湿有利于发病，地势低洼或排水不良、栽培密度过大、田间通风不良、施氮过多、组织生长柔嫩、玉米植株伤口多时会导致发病重，病菌进入植株组织后，常造成植株代谢紊乱，引起寄主分泌出多种果胶物质的酶，致使细菌崩解、腐败而发出臭味。细菌性基腐病其发生积蓄与温度、湿度、作物品种及作物生育进程有关。一般当气温低于 20℃ 时病菌不能发育，气温在 20~25℃ 时发育缓慢，30~35℃ 时病害剧烈发展，尤其是在连续干旱突降大雨时，会使植株伤口加大，病菌活动加强，常会引发大流行。该病一般在玉米茎秆较矮、较弱，叶片紧凑、蜡质较少时发病较重；玉米生育时期正好与有利于该病发生的气候条件相吻合时，常会造成细菌性茎腐病的大发生和大流行。

（三）防治方法

（1）选用抗病品种。在选择品种时，可考虑选用玉米高矮适中、叶片较厚且蜡质较多的品种，对病菌的侵染效果较明显。

（2）加强栽培管理。调整播种期，使玉米主易感期与细菌性茎腐病发病高峰期错开，有利于减轻为害。选择适中的密度，保持田间的通风透光，对低洼地要开好沟系，处于雨季时要在暴雨过后及时疏通沟系。注意不偏施化学氮肥，实行氮、磷、钾配方施肥，增施钾肥，有利于植株生长和抗病，具有较好的防病增产效果。

（3）清除田间病残物。处理田间植株的病残组织，对于减少病原积累，减轻发病有明显的效果。玉米发生该病后，使用药剂对已发病的植株起不到理想的治疗作用，应立即把病株挖除带出田外，然后用生石灰封闭病穴（可以撒生石灰粉或灌注生石灰水），以阻断蔓延。

（4）发病初期，剥除叶鞘，在茎伤部涂刷药剂或喷洒菌素清水剂600倍液。在玉米喇叭口期，用25%的叶枯灵或20%叶枯净加60%的瑞毒霉锰锌或瑞毒霉铝铜600倍液喷雾，发病初期可选用30%DT（琥珀酸铜）可湿性粉剂500倍液，或用DTM可湿性粉剂500倍液喷雾，或用20%链霉素3 500~4 000倍液喷雾，每周喷1次，连喷2~3次，防治效果较好。在防病时，还要注意防治玉米螟、棉铃虫等钻蛀性害虫，减少伤口传播机会，对控制病害蔓延有一定的作用。

三十、玉米秆腐病

（一）玉米秆腐病症状

玉米秆腐病是玉米重要病害之一，被我国有些省市列为检疫对象。东北发生最重，江苏、安徽、四川、广东、云南、贵州、湖南、湖北、浙江等省都有发生。

玉米地上部均可发病，以茎秆和果穗受害为重。茎秆、叶鞘发病多在基部的4~5节或近果穗的茎秆产生褐色或紫褐色至黑色大型

病斑，后变为灰白色。叶鞘
和茎秆之间常存有白色菌
丝，严重时茎秆折断，病部
长出很多小黑点。叶片发病
多在叶片背面形成长条斑，
长 5 厘米，宽 1~2 厘米，
一般不生小黑点。果穗发病
多表现早熟、僵化、变轻。
剥开苞叶可见果穗下部或全
穗籽粒皱缩，苞叶和果穗

间、粒行间常生有紧密的灰白色菌丝体。病果穗变轻、易折断。严
重的籽粒基部或全粒均有少量白色菌丝体，散生很多小黑点。纵剖
穗轴，穗轴内侧、护颖上也生小黑粒点，这些症状是识别该病的重
要特征。

（二）玉米秆腐病发病特点

该病是由真菌引起的，病原菌为玉米狭壳柱孢、大孢狭壳柱孢
和半知菌亚门真菌干腐色二孢。病原菌在病残组织和种子上越冬，
翌年春天遇雨水萌发，借气流传播蔓延。玉米生长前遇有高温干
旱，气温 28~30℃，雌穗吐丝后半个月内遇有多雨天气利其发病。

（三）玉米秆腐病治疗方法

1. 种子处理

播种前可选用 200 倍福尔马林浸种 1 小时，50% 多菌灵或甲基
托布津可湿性粉剂 100 倍液浸种 24 小时，然后用清水冲洗，晾干
后播种。

2. 农业防治

病区要建立无病留种田，供应无病种子；重病区应实行大面积
轮作，不连作；收获后及时清洁田园，以减少菌源。

3. 药剂防治

抽穗期发病初喷药，常用药剂有 50% 多菌灵可湿性粉剂 1 000

倍液，50%甲基托布津可湿性粉剂1 000倍液，25%苯菌灵乳油800倍液，重点喷洒果穗下部和下部茎叶，每隔7~10天喷药1次，连续防治1~2次。

三十一、玉米黑束病

（一）玉米黑束病症状

又称玉米维管束黑化病、黑点束病。玉米生长后期发病。在玉米乳熟期出现大面积枯死，为害严重，从田间表现症状后，仅十几天发展到全田枯死。甘肃采用人工接菌诱发典型症状。发病初期叶片中脉变红，叶片出现淡紫色或紫红色不规则条斑，后扩展到整个叶片，茎皮变成紫红色或紫褐色。叶片逐渐失水，从叶尖、叶缘向叶基部扩展，形成黄白色或紫褐色干枯，整株从顶部向下迅速干枯而死。剖开病茎可见茎部维管束组织变成浅褐色、黑褐色或黑色坏死，变色部位可长达几个节间，尤以果穗节上、下的3~4节变色最深。地下部节和节间呈黑褐色坏死。出现大量不孕株或不孕穗，不结实或结实少。有的出现过度分蘖和果穗增长。

（二）玉米黑束病病原

病原为直枝顶孢霉菌，属半知菌亚门真菌，又称顶头孢。菌丝纤细无色，有分隔，常数根或数十根联合成菌索。分生孢子梗单生，直立，基部略粗，上部渐细，长为23.2~78.3微米，有时分二叉或三叉。分生孢子单胞无色，椭圆形或长椭圆形，在分生孢子梗顶端粘合成头状，大小（2.9~8.7）微米×（1.5~2.9）微米。

（三）玉米黑束病传播途径和发病条件

病菌在种子上或随病残体在土壤中越冬。种子带菌率为1.25%~75%，此菌主要靠种子和土壤传播，病菌直接或通过伤口侵入茎部组织。该病在国外对玉米为害不大，但我国甘肃，该病发病之急速，为害之严重还是不多见的。该菌是否为致病力强的变种，其生理型侵染规律尚需进一步明确。该病品种间抗病性差异明显。

（四）玉米黑束病防治方法

（1）严格检疫，防止该病蔓延。

（2）选用中单 2 号、户单 1 号等抗病品种，淘汰感病品种、品系，积极选育新的抗病品种。

（3）实行轮作，在玉米地不施用玉米秸秆堆制的农家肥。

（4）收获后及时清洁田园。

三十二、玉米立枯丝核菌根腐病

立枯丝核菌引起苗期玉米根系及茎基部染病部位变褐坏死，地上部叶片边缘出现黄褐色云纹状斑，可致田间大量死苗，严重地块发病率高达 80%。

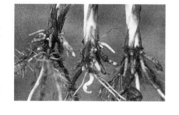

（一）玉米立枯丝核菌根腐病症状

苗期引起根系及茎基部染病部位变褐坏死，地上部叶片边缘出现黄褐色云纹状斑，可致田间大量死苗，严重地块发病率高达 80%。

（二）玉米立枯丝核菌根腐病形态特征

立枯丝核菌，属半知菌亚门真菌。有性态为瓜亡革菌。此外禾谷丝核菌中的 CAG-3、CAG-6、CAG-8、CAG-9、CAG-10 等菌丝融合群也是该病重要的病原菌，其中 CAG-10 对玉米致病力强。中国不同玉米种植区玉米纹枯病的立枯丝核菌的菌丝融合群及致病性不同。引发典型症状的主要是立枯丝核菌 AG-1IA 菌丝融合群。华北地区 AG-1IA、AG-1IB、AG-3、AG-5 四个菌丝融合群都能侵染玉米。西南地区广泛分布着 AG-4、AG-1IA 两个菌丝融合群，其中 AG-4 对玉米幼苗致病力较强，成株期 AG-1IA 的致病力较强。该菌群是一种不产孢的丝状真菌。菌丝在融合前常相互诱引，形成完全融合或不完全融合或接触融合三种融合状态。玉米纹枯病菌为多核的立枯丝核菌，具 3 个或 3 个以上的细胞核，菌丝直径 6~10 微米。菌核由单一菌丝尖端的分枝密集而形成或由尖端菌丝密集而成。该菌在土壤中形成薄层蜡状或白粉色网状至网膜状子实层。担子桶形或亚圆筒形，较支撑担子的菌丝略宽，上具 3~5 个小梗，梗上着生担孢子；担孢子椭圆形至宽棒状，基部较宽，大小（7.5~12）微米×（4.5~5.5）微米。担孢子能重复萌发形成 2 次担子。

（三）玉米立枯丝核菌根腐病传播途径

玉米苗期立枯丝核菌根腐病从播种至出苗期均可发生。丝核菌主要以菌核、菌丝体在土壤或病残体中越冬。遇有发病条件即开始侵染。侵染适期为苗龄 0~10 天。

（四）玉米立枯丝核菌根腐病发病条件

玉米苗期立枯丝核菌根腐病发病条件总的趋势是：土温低、湿度大、黏质土发病重，播种前整地粗放、种子质量不高、播种过深、土壤贫瘠易发病。

（五）玉米立枯丝核菌根腐病防治方法

玉米苗期立枯丝核菌根腐病从播种至出苗期均可发生，可致田间大量死苗，严重地块发病率高达 80%。

玉米苗期立枯丝核菌根腐病防治方法如下。

（1）实行大面积轮作。

（2）采用高垄或高畦栽培，认真平整土地，防止大水漫灌和雨后积水。苗期注意松土，增加土壤通透性。

（3）适期播种，不宜过早。

（4）提倡采用地膜覆盖和种衣剂包衣。

（5）发病初期喷洒或浇灌 50% 甲基硫菌灵（甲基托布津）可湿性粉剂 500 倍液或 50% 多菌灵可湿性粉剂 500 倍液，或配成药土撒在茎基部，也可用 3.2% 噁·甲水剂 300~400 倍液或 95% 绿亨 1 号（噁霉灵）精品 4 000 倍液。

三十三、玉米条纹矮缩病

（一）玉米条纹矮缩病症状

又称玉米条矮病。病株节间缩短，植株矮缩，沿叶脉产生褪绿条纹，后条纹上产生坏死褐斑。植株早期受害，生长停滞，提早枯死。中期染病植株矮化，顶叶丛生，雄花不易抽出，植株多向一侧倾斜。后期染病矮缩不明显。根据叶

片上条纹的宽度分为密纹型和减纹型两种。叶片、茎部、穗轴、髓、雄花序、苞叶及顶端小叶均可受害，产生淡黄色条纹或褐色坏死斑。

（二）玉米条纹矮缩病病原

病原为玉米条纹矮缩病毒，属病毒。病毒炮弹状，大小（200~250）纳米×（70~80）纳米，每粒病毒有横纹50条，纹间距4纳米。

（三）玉米条纹矮缩病传播途径和发病条件

该病毒由灰飞虱传播。蚜虫、叶蝉、蓟马、土壤、种子和摩擦都不传毒。灰飞虱最短获毒时间为8小时，体内循回期最短5天。病毒不经卵传播。气温20~30℃时，潜育期7~20天，一般9天。该病发生与灰飞虱若虫的发生有直接关系。3~4龄若虫在田埂的杂草和土块下越冬。翌年春转入麦田，羽化后成虫有一部分迁飞到刚出苗玉米田为害。7—8月虫口最大，为害也重。玉米收割后又转移到田埂杂草上，潜入根际或土块下越冬。带毒若虫是翌年的主要初侵染源。灌溉次数多或多雨，地边杂草繁茂有利于灰飞虱繁殖。玉米第一水适时浇灌发病轻，过早或过迟发病重。田间湿度大易招来灰飞虱栖息。

（四）玉米条纹矮缩病防治方法

（1）选种抗病品种。高抗品种有武单早、武顶一号、陕单 5 号、庆单 7 号、W341×野 6116、W341×单 624 等。

（2）加强田间管理，适时播种。把好玉米第一次浇灌时间，争取在玉米出苗后 40～45 天浇水。精细整地，增施磷钾肥，提高植株抗病力。

（3）加强对灰飞虱的防治要抓好四个时期的工作，即越冬防治、麦田防治、药剂拌种和一代成虫迁入玉米初期的防治。使用药剂参见灰飞虱防治法。

三十四、玉米鞘腐病

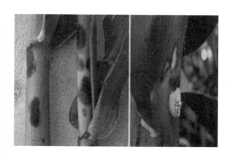

在田间自然状态下，病害主要发生于叶鞘部位，形成不规则褐色糜烂状病斑，故称鞘腐病。自 2003 年在山东发现玉米鞘腐病后，病害为害区域逐渐扩大。2008 年该病害在东北春玉米区发生，并被确认为镰孢菌所致。2011 年在宁夏、甘肃和浙江等地陆续发现较重的鞘腐病；江苏省春玉米中鞘腐病病田率达 68.35%，浙江省为 100%。湖南省 2012 年的病田率为 97%，湖北恩施的病田率也高达 90%。目前，鞘腐病在我国各玉米产区均有发生，并且有逐年加重的趋势，由于鞘腐病能够降低玉米茎秆的抗倒折能力并引起减产，因此其对玉米生产的危害性需要引起关注。

（一）玉米鞘腐病发病症状

在田间自然状态下，病害主要发生于叶鞘部位，形成不规则褐色糜烂状病斑，故称鞘腐病。该病主要发生在玉米生长后期的籽粒形成直至灌浆充实期。病斑初为水渍状椭圆形或褐色小点，后逐渐扩展直径可达 5 厘米以上，多个病斑汇合形成黑褐色不规则形斑块，蔓延至整个叶鞘，至叶鞘干腐。叶鞘内侧褐变重于叶鞘外侧。病斑只发生在叶鞘上，叶鞘下茎秆正常，田间偶尔可见病斑中心部位产生粉白色霉层（病菌菌丝体和分生孢子），有时会有灰黑色、红紫色霉点。病斑从下部逐渐往中上部叶鞘蔓延，病斑如果局限在下部叶鞘时，基本不会造成产量损失，如果适宜病菌生长条件时，很快达到棒三叶，甚至穗上苞叶，引起秃尖、籽粒干瘪，或者穗腐，造成很大的产量损失。

（二）玉米鞘腐病原菌

病原是层出镰孢菌，小型分生孢子串生和假头生，长卵形或椭圆形，无隔膜或具备隔膜，大小（7.6～10.7）微米×（3.6～4.3）微米。大型分生孢子镰刀形，较直，顶胞渐尖，足胞较明显，1～5个分隔，大小（27.1～38.3）微米×（3.7～4.9）微米，产孢细胞为内壁芽生瓶梗式产孢。

（三）玉米鞘腐病发病规律

病原菌在病残体、土壤或种子中越冬，来年随风雨、农具、种子、人畜等传播。高温高湿有利于该病的流行，病菌在5～35℃温度范围内均能生长，适宜温度25～30℃，最适28℃时菌丝茂盛密集。

（四）玉米鞘腐病防治方法

（1）轮作倒茬，清除田间病残株烧毁，深翻灭茬，减少菌源。

（2）选种抗病品种，用种衣剂拌种。用种子重量0.4%的5%根保种衣剂拌种：先把药剂加适量水喷在种子上拌匀，再堆闷4～8小时后直接播种。或用50%多菌灵可湿性粉剂500倍液拌种，堆闷4～8小时后直接播种。

（3）发病初期在茎秆喷50%咯菌清可湿性粉剂、农用链霉素可湿性粉剂、50%退菌特可湿性粉剂等，7～10天一次。

第二节　主要害虫

一、玉米螟

（一）玉米螟分布为害

玉米螟，我国发生的玉米螟有亚洲玉米螟和欧洲玉米螟两种，其中亚洲玉米螟是我国玉米生产上最重要的害虫之一，属鳞翅目，螟蛾科，是玉米的主要虫害，常年造成 5%～10% 产量损失，大发生时在 30% 以上。玉米螟在我国分布广泛，各地的春、夏、秋播玉米都有不同程度受害，尤以夏播玉米最重。玉米螟可为害玉米植株地上的各个部位，玉米螟钻蛀后植株营养输送受阻、造成茎折或穗柄折，降低籽粒产量，并诱发穗腐病。玉米螟寄主为玉米、高粱、谷子等 200 多种植物。

（二）发生规律

玉米螟每年发生 2 代，以老熟幼虫在玉米秆、根茬、果穗中越冬。越冬幼虫 5 月上旬开始化蛹，5 月中下旬为羽化盛期，6 月中旬为产卵盛期。第一代成虫 7 月中旬出现，7 月下旬至 8 月上旬为成虫及卵盛期。8 月中旬为幼虫盛期。9 月下旬开始越冬。严重为害玉米，被害株率达 20%~80%。玉米螟为害特征：玉米心叶期幼虫取食叶肉或蛀食未展开的心叶，造成"花叶"，抽穗后钻蛀茎秆，雌穗发育受阻减产，蛀孔处易倒折。穗期蛀食雌穗、嫩粒，造成籽粒缺损霉烂，品质下降。

（三）防治措施

1. 高温沤肥或用作饲料和燃料以及秸秆还田

收获后及时处理过冬寄主的秸秆，一定要在越冬幼虫化蛹羽化前处理完越冬寄主，压低虫源基数。在夏玉米区尽量压低春播寄主作物面积。实行玉米与豆科等作物间套作，保护天敌，可减轻玉米螟为害。在玉米打苞抽雄期，玉米螟幼虫大多集中在尚未抽出的雄穗上为害。因此，在雄穗刚抽出未散开前隔行人工去除 2/3 的雄穗并带出田外处理，可消灭约 70% 的幼虫，同时去雄也是玉米增产措施之一。

2. 防治

（1）喷洒 25% 灭幼脲 3 号悬浮剂 600 倍液；或用 BT 乳剂，每亩用每克含 100 亿以上孢子的乳剂 200 毫升，也可制成颗粒剂撒施。

（2）利用白僵菌粉。每平方米秸秆用每克含孢子 50 亿~100 亿菌粉 100 克，在玉米螟化蛹前喷在垛上。

（3）用青虫菌粉 0.5 千克拌细土 100 千克，点施在心叶上，每亩用菌土 2.5~3.5 千克，或每亩用 40% 辛硫磷乳油 75~100 克，药液滴心。

（4）用黑光灯诱蛾。结合田间查卵，在掌握产卵数量和孵化进度及田间为害情况下，当春玉米心叶末期花叶株率达 10% 时进行普治，超过 20% 或百株着卵 30 块以上需再防 1 次。夏玉米心叶末期防 1 次，穗期当虫穗率达 10% 或百穗花丝有虫 50 头时要立即防治。药剂可选用 1.5% 辛硫磷颗粒剂每亩 3 000~4 000 克，或 0.1% 功夫颗粒剂每株 0.16 克，也可喷洒 1% 甲维盐乳油 1 500 倍液或 5% 氯氟氰菊酯乳油 1 000 倍液等。

二、玉米蚜虫

玉米蚜虫别名玉米缢管蚜，俗称麦蚰、腻虫、蚁虫等，从苗期到穗期持续为害。

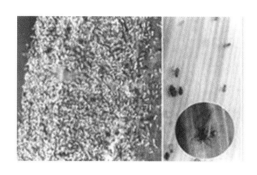

（一）玉米蚜分布为害

玉米蚜属同翅目，蚜科，又称玉米缢管蚜。国内发生地区相当广泛，新疆、青海、西藏未见发生报道。为害玉米、高粱、小麦、大麦、水稻等作物，另外还可为害马唐、狗尾草、牛筋草、稗草、雀稗等37种禾木科杂一草。

（二）发生规律

在长江流域年生20多代，冬季以成、若蚜在心叶或以孤雌成、若蚜在禾本科植物上越冬。翌年3、4月开始活动为害，4、5月麦子黄熟期产生大量有翅迁移蚜，迁往春玉米、高粱、水稻田繁殖为害。华北5—8月为害严重，高温干旱年份发生多。在江苏玉米苗期开始为害。6月中下旬玉米出苗后，有翅胎生雌蚜在玉米叶片背面为害、繁殖，虫口密度升高以后，逐渐向玉米上部蔓延，同时产生有翅胎生雌蚜向附近株上扩散，到玉米大喇叭口末期蚜量迅速增加，扬花期蚜量猛增，在玉米上部叶片和雄花上群集为害，条件适宜为害持续到9月中下旬玉米成熟前。植株衰老后，气温下降，蚜量减少，后产生有翅蚜飞至越冬寄主上准备越冬。一般8、9月玉米生长中后期，日均温低于28℃，适其繁殖，此间如遇干旱、降雨量低于20毫米，易造成猖獗为害。天敌有异色瓢虫、七星瓢虫、龟纹瓢虫、食蚜蝇、草蛉和寄生蜂等。

（三）为害特征

成虫、若蚜刺吸植物组织汁液，引致叶片变黄或发红，影响生长发育，严重时植株枯死。玉米蚜多群集在心叶，为害叶片时分泌蜜露，产生黑色霉状物，有别于高粱蚜。在紧凑型玉米上主要为害雄花和上层1~5叶，下部叶受害轻，刺吸玉米的汁液，致叶片变黄枯死，常使叶面生霉变黑，影响光合作用，降低粒重，并传播病毒病造成减产。

（四）防治措施

1. 结合农事操作，清除田边地头杂草，消灭野生寄主滋生地，减少虫源。

抽雄期是玉米蚜取食生长繁殖速度最快时期，也是种群的集聚地，在雄穗刚抽出未散开前隔行人工去除2/3的雄穗并带出田外处理，既可防治蚜虫，同时还兼治玉米螟和棉铃虫。也可采用麦棵套种玉米栽培法，比麦后播种的玉米提早10~15天，能避开蚜虫繁殖的盛期，可减轻为害。

2. 保护天敌

当田间天敌如瓢虫、草间小黑蛛、草蛉、食蚜蝇数量多时，如寄生率在30%以上，或瓢蚜比1：120以上时应避免喷药或使用对天敌安全的药剂防治。

3. 化学防治

在预测预报基础上，根据蚜量，查天敌单位占蚜虫量的百分比及气候条件和该蚜发生情况，确定用药种类和时期。

（1）用玉米种子重量0.1%的10%吡虫啉可湿粉剂浸拌种，播后25天防治苗期蚜虫、蓟马、飞虱效果优异。

（2）玉米进入拔节期，发现中心蚜株可喷撒0.5%乐果粉剂，或40%乐果乳油1 500倍液。当有蚜株率达30%~40%，出现"起油株"（指蜜露）时应进行全田普治，一是撒施乐果毒沙，每亩用40%乐果乳油 50 克兑水 500 升稀释后喷在 20 千克细沙土上，边喷边拌，然后把拌匀的毒沙均匀地撒在植株上。也可喷洒 10%氯氰菊酯乳油 2 500 倍液，或用 2.5%保得乳油 2 000～3 000 倍液，或用20%吡虫啉可溶剂 3 000～4 000 倍液。

（3）发生初期喷施 10%吡虫啉可湿性粉剂 1 500 倍液，或用20%吡虫啉可溶性液剂 3 000～4 000 倍液，或用 26%氯氟·啶虫脒水分散粒剂 5 000 倍液，或用 3%啶虫脒 1 500 倍液等。

三、草地贪夜蛾

草地贪夜蛾成虫（左为雄蛾，中、右为雌蛾）

卵　　　　　　　成熟幼虫　　　　　　成虫

　　草地贪夜蛾是夜蛾科灰翅夜蛾属的一种蛾，该物种原产于美洲热带地区，具有很强的迁徙能力，不能在 0℃ 以下的环境越冬。2016 年起，草地贪夜蛾散播至非洲、亚洲各国，并于 2019 年在我国 26 个省份见虫，其中 22 个省份 1 438 个县见幼虫为害，玉米为害面积 106.5 万公顷，2020 年全国 27 个省份 1 426 个县见虫，发生面积 133.33 万公顷，已成为玉米上常发性重大害虫。

　　成虫在夜间活动，在植物叶子顶部产约 100 粒卵，卵阶段是在25℃的温度下持续 3 天。新孵出的幼虫以卵壳本身为食，然后静置2～10 个小时。幼虫更喜欢以新叶为食，由于它们的食性习惯，通常会各自找一片新叶。幼虫分为 1～6 龄，并在 6 龄末离开墨囊，一般在 0.5 厘米深的土壤处变成蛹。蛹阶段在一年中最热的时期持续 10～12 天。成虫的寿命约为 12 天，该有害生物的完整周期仅为

30 天。

该物种可能正发生同域种化，渐分化为分布地区与外形没有明显差异的两个亚型，其幼虫分别主要为害玉米和水稻。草地贪夜蛾在农业上属于害虫，其幼虫可大量啃食禾本科如水稻、甘蔗和玉米之类细粒禾穀及菊科、十字花科等多种农作物，造成严重的经济损失，其发育的速度会随着气温的提升而变快，一年可繁衍数代，一只雌蛾即可产下超过 1 000 颗卵。

（一）形态特征

1. 卵

卵呈圆顶状半球形，直径约为 4 毫米，高约 3 毫米，卵块聚产在叶片表面，每卵块含卵 100~300 粒。卵块表面有雌虫腹部灰色绒毛状的分泌物覆盖形成的带状保护层。刚产下的卵呈绿灰色，12 小时后转为棕色，孵化前则接近黑色，环境适宜时卵 4 天后即可孵化。雌虫通常在叶片的下表面产卵，族群稠密时则会产卵于植物的任何部位。在夏季，卵阶段的持续时间仅为 2~3 天。

2. 幼虫

幼虫期长度受温度影响，可为 14~30 天。幼虫的头部有一倒 "Y" 字形的白色缝线。生长时，仍保持绿色或成为浅黄色，并具黑色背中线和气门线。如密集时（种群密度大，食物短缺时），末龄幼虫在迁移期几乎为黑色。老熟幼虫体长 35~40 毫米，在头部具黄色倒 "Y" 形斑，黑色背毛片着生原生刚毛（每节背中线两侧有 2 根刚毛）。腹部末节有呈正方形排列的 4 个黑斑。

幼虫通常有 6 个龄期。对应龄期 1~6 龄，头部囊的宽度分别为约 0.35、0.45、0.75、1.3、2.0 和 2.6 毫米。在这些龄期，幼虫分别达到约 1.7、3.5、6.4、10.0、17.2 和 34.2 毫米的长度。幼虫呈绿色，头部呈黑色，头部在第二龄期转为橙色。在第二龄，特别是第三龄期，身体的背面变成褐色，并且开始形成侧白线。在第四至第六龄期，头部为红棕色，斑驳为白色，褐色的身体具有白色的背侧和侧面线。身体背部出现高位斑点，它们通常是深色的，并且有刺。成熟幼虫的面部也有白色倒"Y"，当仔细检查时幼虫的表皮粗糙或呈颗粒状。然而，这种幼虫的触摸感觉并不粗糙，除了秋季幼虫的典型褐色形态外，幼虫可能大部分是背部绿色。在绿色形式中，背部高点是苍白而不是黑暗。幼虫倾向于在一天中最亮的时候隐藏自己。幼虫期的持续时间在夏季期间约为 14 天，在凉爽天气期间为 30 天。当幼虫在 25℃ 下时，1～6 龄平均发育时间分别为 3.3、1.7、1.5、1.5、2.0、3.7 天。

3. 茧蛹

幼虫于土壤深处化蛹，深度为 2～8 厘米。其中深度会受土壤质地、温度与湿度影响，蛹期为 7～37 天，亦受温度影响。通过将土壤颗粒与茧丝结合在一起，幼虫构造出松散的茧，形状为椭圆形或卵形，长度为 1.4～1.8 厘米，宽约 4.5 厘米，外层为长 2～3 厘米的茧所包覆。如果土壤太硬，幼虫可能会将叶片和其他物质粘在一起，形成土壤表面的茧。蛹的颜色为红棕色，有光泽，长度为 14～18 毫米，宽度约为 4.5 毫米。蛹期的持续时间在夏季为 8～9 天，但在冬季期间达到 20～30 天。该物种的蛹期无法承受长时间的寒冷天气。例如，在美国佛罗里达州南部的存活率为 51%，而佛罗里达州中部的存活率仅为 27.5%，佛罗里达州北部的存活率为 11.6%。

4. 成虫

羽化后，成虫会从土壤中爬出，飞蛾粗壮，灰棕色，翅展宽度32～40 毫米，其中前翅为棕灰色，后翅为白色。该种有一定程度的两性异形，雄虫前翅通常呈灰色和棕色阴影，前翅有较多花纹与一个明显的白点。雌虫的前翅没有明显的标记，从均匀的灰褐色到灰色和棕色的细微斑点；后翅具有彩虹的银白色。草地贪夜蛾后翅翅脉棕色并透明，雄虫前翅浅色圆形，翅痣呈明显的灰色尾状突起；雄虫外生殖器抱握瓣正方形。抱器末端的抱器缘刻缺。雌虫交配囊无交配片。

两性都有狭窄的黑色边缘。成虫是夜间活动，在温暖潮湿的夜晚最活跃。在 3~4 天的预先产卵期后，雌性通常在生命的前 4~5 天内将大部分卵产下，产卵最多可持续三周。成虫的生命持续时间平均约为 10 天，范围为 7~21 天。成虫为夜行性，在温暖、潮湿的夜晚较为活跃。但羽化的当晚一般不会产卵。

四、蓟马

蓟马原为玉米的偶发性害虫，20 世纪 90 年代后期以来，蓟马为害苗期玉米日益加重，严重影响玉米生长，已成为华北和黄淮海玉米苗期的重要害虫，黄淮海优势种为黄呆蓟马和禾花蓟马。晚春玉米、套作玉米和早播夏玉米田受害较重，严重被害时百株虫量达 2 万头；被害玉米叶片枯白扭曲，影响玉米生长。近 10 年来，蓟马在黄淮海大部分地区一直呈偏重发生态势，未来这种状况将持续。

（一）分布为害

蓟马属缨翅目，蓟马科。为害玉米、水稻、麦类、高粱、糜子等禾本科植物等。蓟马体型微小，幼虫可钻入颖壳内为害，造成空瘪粒，一般空瘪粒占 10% 左右，是水稻重要害虫。内蒙古、辽宁、福建、广东、广西、四川、云南、西藏、陕西、甘肃、青海、宁夏、新疆、江西、河南等省区均有分布。

（二）发生规律

成虫、若虫均较活泼，多在心叶中群集为害。玉米上一般是成虫多，若虫少。禾蓟马喜欢郁闭环境，多在生长旺盛的植株上取食。取食伸展叶片时，多在叶下面取食，叶片呈现成片的银灰色斑；取食心叶时，银灰色斑不明显。被害玉米出现畸形，叶片僵硬，心叶不能抽出，呈牛尾巴状。禾蓟马常借飞翔、爬行或田间灌溉水流进行传播。

（三）为害特征

以成虫、若虫群集锉吸寄主汁液进行为害。受害玉米或高粱心叶两侧变成薄膜状，叶片展开后即破裂或断开，玉米上残存的薄膜常束缚新生叶片，形成牛尾巴状畸形。严重时可枯死或不抽穗。

（四）防治措施

（1）在间苗定苗时，注意拔除有虫苗，并带出田外沤肥，可减少禾蓟马蔓延为害；人工摘除叶端硬化部分，使新生叶片恢复生长；适时灌水施肥，加强管理，以促进玉米苗早发快长，可有效地减轻蓟马为害。

（2）发生初期喷施 10% 吡虫啉可湿性粉剂 1 500 倍液，或用 20% 吡虫啉可溶性液剂 3 000~4 000 倍液，或用 26% 氯氟·啶虫脒水分散粒剂 5 000 倍液，或用 3% 啶虫脒 1 500 倍液，或用 10% 氯氰菊酯乳油 2 500 倍液，或用 2.5% 保得乳油 2 000~3 000 倍液，或用 20% 吡虫啉可溶剂 3 000~4 000 倍液。

五、钻心虫

（一）为害特点

钻心虫是螟蛾科秆野螟属的一种昆虫，是玉米的主要害虫之一，其幼虫蛀入玉米主茎或果穗内，能使玉米主茎折断，造成玉米营养供应不足，授粉不良，致使玉米减产降质。

（二）防治方法

为夺取玉米的丰产丰收，可采取两项措施防治。

（1）心叶期防治，这是前期防治玉米钻心虫第一代的最佳时期。主要采用撒颗粒剂的防治方法，常用药剂主要有50%的1605，每亩用药剂200克，兑水适量，也可用辛硫磷、吡虫啉等颗粒剂。

（2）穗期防治，雌穗灌浆中后期防治钻心虫咬粒。这个时期的钻心虫已钻入雌穗内，可用50%敌敌畏乳油0.4千克兑水10千克制成药液，用棉球或毛刷将药剂均匀涂抹在雌穗顶端和花丝中，或用去掉针头的注射器把药剂注入雌穗内。穗期用药后要严防人畜中毒。

六、二点委夜蛾

二点委夜蛾是一种在世界范围内分布比较广的害虫，是我国夏玉米区新发生的害虫，各地往往误认为是地老虎为害，该害虫随着幼虫龄期的增长，害虫食量将不断加大，发生范围也将进一步扩大，如不能及时控制，将会严重威胁玉米生产。因此，需加强对二点委夜蛾发生动态的监测，做好虫情预报或警报，指导农民适时防治，以减轻其为害损失。

二点委夜蛾幼虫

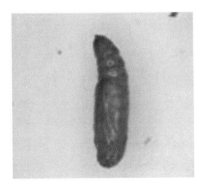

二点委夜蛾的蛹

（一）形态特征

1. 折叠蛹和卵形态特征

蛹长 10 毫米左右，化蛹初期淡黄褐色，逐渐变为褐色。卵馒头状，上有纵脊，初产黄绿色，后土黄色。直径不到 1 毫米；卵单产在麦秸基部。单头雌蛾产卵量可达数百粒。

2. 幼虫形态特征

老熟幼虫体长 14～18 毫米，最长达 20 毫米，黄黑色到黑褐色。头部褐色，额深褐色，额侧片黄色，额侧缝黄褐色。腹部背面有两条褐色背侧线，到胸节消失，各体节背面前缘具有一个倒三角形的深褐色斑纹。气门黑色，气门上线黑褐色，气门下线白色。体表光滑。有假死性，受惊后蜷缩成 "C" 字形。二点委夜蛾与地老虎幼虫的比较见表 5-1。

表 5-1　蛾虎幼虫比较

昆虫种类	体长（毫米）	体色	体表特征	为害特性
二点委夜蛾	14～20	灰黄色	体背侧线黑色，胸节无此线	咬食根或蛀食茎基部，使幼苗萎蔫或倒伏
小地老虎	37～47	灰黄色	密布明显的大小颗粒	从地面咬断幼茎
大地老虎	41～61	黄褐色	多皱纹，颗粒不明显	从地面咬断幼茎
黄地老虎	33～45	淡黄褐色	多皱纹而淡，有不明显的颗粒	从地面咬断幼茎

3. 成虫形态特征

二点委夜蛾成虫体长 10～12 毫米，灰褐色，前翅黑灰色，上有白点、黑点各 1 个，后翅银灰色，有光泽。

（二）发生分布

2005 年在河北省发现该虫为害夏玉米幼苗，2007 年在山东省宁津发现，2008 年 7 月在河南省新乡市发现成虫。近年来逐年扩大为害。2011 年发生面积大、范围广、虫口密度高、危害程度重。

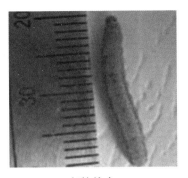

老熟幼虫   二点委夜蛾成虫

2011年6月下旬以来，河北、山东、河南、安徽等地相继发现二点委夜蛾为害夏玉米，部分地区发生严重，个别田块出现死苗现象。

（三）为害状况

幼虫主要从玉米幼苗茎基部钻蛀到茎心后向上取食，形成圆形或椭圆形孔洞，钻蛀较深切断生长点时，心叶失水萎蔫，形成枯心苗；严重时直接蛀断，整株死亡；或取食玉米气生根系，造成玉米苗倾斜或侧倒。

幼虫为害形成的孔洞

地老虎大龄幼虫直接咬断幼苗基部，而二点委夜蛾很少有此现象，多形成孔洞。

（四）发生规律

成虫具有较强趋光性。河北等地6月中旬进入发生盛期。幼虫在6月下旬至7月上旬为害夏玉米。一般顺垄为害，有转株为害习性；有群居性，多头幼虫常聚集在一株为害，可达8~10头；白天喜欢躲在玉米幼苗周围的碎麦秸下或在 2 厘米左右的土缝内为害玉米苗；麦秆较厚的玉米田发生较重。为害寄主除玉米外，也为害大豆、花生，还取食麦秸和麦糠下萌发的小麦籽粒和自生苗。

（五）防治方法

（1）麦收后播前使用灭茬机或浅旋耕灭茬后再播种玉米。麦田施用腐熟剂，既可恶化害虫生活环境，有效减轻二点委夜蛾为害，又可提高玉米的播种质量，齐苗壮苗。

（2）灯光诱杀。根据二点委夜蛾具有趋光性的特点，推荐各地在成虫发生期采用频振杀虫灯诱杀成虫，降低落卵量，减轻为害。

（3）及时人工除草和化学除草，清除麦茬和麦秆残留物，减少害虫滋生环境条件；提高播种质量，培育壮苗，提高抗病虫能力。

（4）化学防治。幼虫三龄前防治，最佳时期为出苗前（播种前后均可）。

撒毒饵：亩用 4~5 千克炒香的麦麸或粉碎后炒香的棉籽饼，与 90% 晶体敌百虫或 48% 毒死蜱乳油 500 克拌成毒饵，在傍晚顺垄撒在玉米苗边。

撒毒土：亩用 80% 敌敌畏乳油 300~500 毫升拌 25 千克细土，早晨顺垄撒在玉米苗边，防效较好。

种子处理：用毒死蜱和氯虫苯甲酰胺等药剂进行拌种。

随水灌药：用 48% 毒死蜱乳油 1 千克/亩，在浇地时灌入田中。

喷灌玉米苗：可以将喷头拧下，逐株顺茎滴药液，或用直喷头喷根茎部，药剂可选用 48% 毒死蜱乳油 1 500 倍液、2.5% 高效氯氟氰菊酯乳油 2 500 倍液或 4.5% 高效氯氰菊酯 1 000 倍液等，药液量要大，保证渗到玉米根围 30 厘米左右的害虫藏匿的地方。

注：喷施烟嘧磺隆的田块避免使用有机磷类农药。

七、棉铃虫

棉铃虫属鳞翅目，夜蛾科，别名棉桃虫、钻心虫等，近年来，黄淮海地区棉花种植面积大幅减少，导致玉米田棉铃虫发生面积呈逐年上升趋势，加之该区域小麦收获后免耕直播玉米、麦田中1代棉铃虫在土壤中化蛹后种群数量增大，成虫羽化后正值夏玉米新叶初期，直接在玉米心叶中产

卵，造成2代棉铃虫对玉米幼叶的为害加重；随后3代和4代棉铃虫继续在玉米田为害，特别是4代棉铃虫的幼虫在夏玉米果穗上取食花丝、穗尖幼嫩组织和籽粒，加重了玉米穗腐病的发生，在黄淮海夏玉米区为害严重。

（一）棉铃虫寄主和为害特点

玉米、棉花、花生等都是寄主，近年在一些栽培改制、复种面积扩大地区，棉铃虫为害玉米有加重趋势，尤以辽南、长江流域及新疆部分地区为主，玉米雌穗常受棉铃虫幼虫为害。1996年8月青海首次发现该虫为害玉米，其发生面积之大，虫量之多，损失之重，实为罕见，造成受害果穗不结实，减产严重。

（二）形态特征

成虫体长14~18毫米，翅展30~38毫米，灰褐色。前翅有褐色肾形纹及环状纹，肾形纹前方前缘脉上具褐纹2条，肾纹外侧具褐色宽横带，端区各脉间生有黑点。后翅淡褐至黄白色，端区黑色或深褐色。卵半球形，0.44~0.48毫米，初乳白后黄白色，孵化前深紫色。幼虫体长30~42毫米，体色因食物或环境不同变化很大，

由淡绿、淡红至红褐或黑紫色。绿色型和红褐色型常见。绿色型，体绿色，背线和亚背线深绿色，气门线浅黄色，体表面布满褐色或灰色小刺。红褐色型，体红褐或淡红色，背线和亚背线淡褐色，气门线白色，毛瘤黑色。腹足趾钩为双序中带，两根前胸侧毛连线与前胸气门下端相切或相交。蛹长 17~21 毫米，黄褐色，腹部第 5~7 节的背面和腹面具 7~8 排半圆形刻点，臀棘钩刺 2 根，尖端微弯。

（三）棉铃虫生活习性

内蒙古、新疆年生 3 代，华北 4 代，长江流域以南 5~7 代，以蛹在土中越冬，翌春气温达 15℃ 以上时开始羽化。华北 4 月中下旬开始羽化，5 月上中旬进入羽化盛期。1 代卵见于 4 月下旬至 5 月底，1 代成虫见于 6 月初至 7 月初，6 月中旬为盛期，7 月为 2 代幼虫为害盛期，7 月下旬进入 2 代成虫羽化和产卵盛期，4 代卵见于 8 月下旬至 9 月上旬，所孵幼虫于 10 月上中旬老熟入土化蛹越冬。第 1 代主要于麦类、豌豆、苜蓿等早春作物上为害，第 2 代、3 代为害棉花，3、4 代为害番茄等蔬菜，从第 1 代开始为害果树，后期较重。成虫昼伏夜出，对黑光灯趋性强，萎蔫的杨柳枝对成虫有诱集作用，卵散产在嫩叶或果实上，每雌可产卵 100~200 粒，多的可达千余粒。产卵期历时 7~13 天，卵期 3~4 天，孵化后先食卵壳，脱皮后先吃皮，低龄虫食嫩叶，2 龄后蛀果，蛀孔较大，外具虫粪，有转移习性，幼虫期 15~22 天，共 6 龄。老熟后入土，于 3~9 厘米处化蛹。蛹期 8~10 天。该虫喜温喜湿，成虫产卵适温 23℃ 以上，20℃ 以下很少产卵，幼虫发育以 25~28℃ 和相对湿度 75%~90% 最为适宜。北方湿度对其影响更为明显，月降雨量高于 100 毫米，相对湿度 70% 以上为害严重。

（四）防治方法

（1）搞好预测预报。

（2）农业防治。采用上草环法，将稻草或麦秸浸湿，做成直径 1.5~2 厘米的草环，在棉铃虫成虫产卵前及幼虫 3 龄前，把做好的草环用万灵等杀虫剂与敌敌畏 1∶1 配成 500 倍液浸透，然后用工具夹药环套在玉米果穗顶端。

八、玉米铁甲

玉米铁甲属鞘翅目，铁甲科。指名亚种分布广东、广西、贵州。黑色亚种分布在云南。

（一）玉米铁甲的寄主

玉米、甘蔗、高粱、粟（谷子）、小麦、水稻等。

（二）为害特点

幼虫潜入叶内取食叶肉，仅剩上、下两层表皮，叶片干枯死亡；成虫取食叶肉现白色纵条纹，严重时一张叶片上有虫数十头，造成全叶变白干枯，大发生时颗粒无收。形态特征：成虫体长 5~6 毫米，蓝黑色，复眼黑色，球形，头、胸、腹及足均为黄绿色，鞘翅蓝黑色，前胸背板及鞘翅上部均生有长刺，前胸背板前方生 4 根，两侧各 3 根；鞘翅上每边周缘有 21 根刺。卵长 1 毫米，椭圆形，光滑，浅黄色。幼虫长约 7.5 毫米，扁平，乳白色，腹部末端有 1 对尾刺，腹部 2~9 节两侧各生一浅黄色瘤状突起，背部各节具一字形横纹。蛹长 0.5 毫米，长椭圆形，白色至焦黄色。

（三）玉米铁甲的生活习性

年生 1 代，少数 2 代，以成虫在玉米田附近山坡、沟边杂草，宿根甘蔗及小麦叶片上越冬。翌春气温升至 16℃ 以上时，成虫开始活动，一般 4 月上中旬成虫进入盛发期，成群飞至玉米田为害，把卵产在嫩叶组织里，卵期 7~16 天，幼虫孵化后即在叶内咬食叶肉直至化蛹，幼虫期 16~23 天，5 月化蛹，蛹期 9~11 天，6 月成虫大量羽化，多飞向山边越夏，少数成虫在秋玉米田产卵繁殖。

（四）防治方法

（1）人工捕杀成虫，成虫活动初期尚未产卵前，于上午9时前人工捕杀。

（2）产卵盛期及幼虫初孵化时每亩喷洒90%晶体敌百虫800倍液或50%敌敌畏乳油1 500倍液、50%杀螟松乳油1 000倍液。

（3）高粱田发生该虫时，因高粱对敌百虫、敌敌畏敏感，不准使用，可改用适合高粱田使用的杀虫剂。

九、双斑萤叶甲

双斑萤叶甲主要以成虫为害玉米叶片和雌穗。为害玉米叶片时，自上而下取食玉米植株嫩叶叶肉，仅留表皮，造成叶片孔洞或残留网状叶脉，严重影响光合作用；为害玉米雌穗时，咬断取食花丝、雌穗，影响玉米授粉、结实。

（一）双斑萤叶甲的为害特点

双斑萤叶甲具有群聚性、迁飞性和趋嫩叶为害习性，喜高温干燥，对光、温的强弱较敏感。中午光线强温度高，在农田活动旺盛，飞翔力强，取食叶片量大；早晨、傍晚光线弱温度低时活动力差，常躲在叶片背面栖

息。该虫除为害玉米外，还为害棉花、豆类、蔬菜等多种作物，玉米上发生为害加重趋势明显。科技人员在一些田块普查显示，玉米双斑萤叶甲虫为害较重，平均被害株率11.2%，严重田块占玉米田18.8%，被害株率30%～70%。

（二）防治措施

1. 农业措施

及时铲除田间、地埂、路边杂草，破坏栖息场所，可减轻虫害。

2. 药剂防治

玉米双斑萤叶甲百株虫口达到 50 头时，选用 48%毒死蜱 1 000 倍液，或用 2.5%三氟氯氰菊酯 2 000 倍液，或用 4.5%氯氰菊酯乳油 1 500 倍液全田喷雾；严重田块可选用 4.5%高效氯氰菊酯乳油 1 500 倍与 48%毒死蜱 1 000 倍液混合喷雾，可兼治玉米黏虫、红蜘蛛等虫害，每隔 7～10 天喷施一次，连用 2～3 次。

喷药时注意事项，这里提醒广大农民朋友，夏季高温期间，喷施农药一定要做好防范措施，谨防中暑和农药中毒。应在 9—11 时和 16—19 时施药，这两个时间段是该虫栖息期，可提高防治效果，同时可避免施药人员中暑、中毒，严禁在玉米扬花期喷药，以免影响授粉；由于该虫具有较强的迁飞性，防治时提倡大面积联防，以统防统治为主。

十、高粱舟蛾

（一）高粱舟蛾对玉米的为害

高粱舟蛾又叫高粱天社蛾，主要为害高粱、玉米、甘蔗等，幼虫咬食高粱、玉米和甘蔗叶片呈缺刻或孔洞，严重时全株叶片被吃光，造成减产。

（二）高粱舟蛾发生规律

（1）高粱舟蛾在河北省 1 年发生 1 代，以蛹在土下 6.5～10 厘米处越冬。

（2）气候因素。该虫喜湿怕干，若 7 月湿度大，气温偏低，易大发生。

（3）栽培因素。黏土和壤土田的虫量显著少于沙土田。

高粱舟蛾成虫

（4）高粱舟蛾的成虫昼伏夜出，有趋光性。

（5）高粱舟蛾的幼虫散栖，8 月为害盛期，8 月中下旬幼虫开始老熟，陆续入土作室化蛹越冬。

（三）高粱舟蛾防治方法

（1）高粱舟蛾越冬蛹期长达 300 余天，并在浅土层，这是其生活史中最薄弱的环节，抓住这一时期，在夏玉米收后的翻耕整地或原夏玉米茬麦田进行冬灌，可消灭大量越冬蛹。

（2）高粱舟蛾卵粒较大，暴露于玉米叶背，幼虫个体大，行动缓慢，适于人工捕杀防治。在田间调查的基础上，抓住卵盛期和幼虫低龄盛期，顺垄逐棵采卵捉杀幼虫 1~2 遍，可有效地压低虫口密度。

（3）在高粱舟蛾幼虫发生期可用 4.5% 高效氯氰菊脂 2 000 倍液，或用辛氰乳油 1 000 倍液，或用辛硫磷乳油 1 000 倍液，喷雾防治。

十一、斑须蝽

（一）斑须蝽为害特点

斑须蝽成虫和若虫刺吸嫩叶、嫩茎及穗部汁液。茎叶被害后，出现黄褐色斑点，严重时叶片卷曲，嫩茎凋萎，影响生长，减产减收。成虫多将卵产在植物上部叶片正面或花蕾或果实的包片上，呈多行整齐排列。初孵若虫群集为害，2 龄后扩散为害。成虫及若虫有恶臭，均喜群集于作物幼嫩部分和穗部吸食汁液，自春至秋继续为害。

（二）斑须蝽防治方法

（1）播种或移栽前，或收获后，清除田间及四周杂草，集中烧毁或沤肥；深翻地灭茬、晒土，促使病残体分解，减少病源和虫源。

（2）和非本科作物轮作，水旱轮作最好。

（3）选用抗虫品种，选用无病、包衣的种子。

（4）育苗移栽，播种后用药土覆盖，移栽前喷施一次除虫灭菌的混合药。

（5）选用排灌方便的田块，开好排水沟，达到雨停无积水；大雨过后及时清理沟系，防止湿气滞留，降低田间湿度，这是防虫的重要措施。

（6）地下害虫严重的田块，在播种前撒施或沟施杀虫的药土。

（7）合理密植，增加田间通风透光度。

（8）提倡施用酵素菌沤制的或充分腐熟的农家肥，不用未充分腐熟的肥料；采取"测土配方"技术，科学施肥，增施磷钾肥；重施基肥、有机肥，有利于减轻虫害。

（9）高温干旱时应科学灌水，以提高田间湿度，减轻蚜虫、灰飞虱为害与传毒。严禁连续灌水和大水漫灌。

十二、玉米耕葵粉蚧

（一）分布为害

玉米耕葵粉蚧，属同翅目，蚧亚目，粉蚧科。为害玉米、小麦、谷子、高粱及禾本科杂草，一般受害株率10%左右，高者达30%以上。

（二）发生规律和为害特征

玉米耕葵粉蚧除为害玉米外，还为害小麦、高粱等禾本科作物。在河北一年发生3代，以第二代发生时间长、为害严重，在6月中旬至8月上旬主要为害夏玉米幼苗。以卵在卵囊中附在田间的玉米根茬上或土壤中残存的秸秆上越冬，每年9—10月雌成虫产卵越冬，翌年4月中下旬气温17℃左右时开始孵化。1龄若虫活泼，没有分泌蜡粉，是药剂防治最佳时期，2龄后开始分泌蜡粉，在地下或进入植株下部的叶鞘中为害。

以雌虫和若虫在近地面的叶鞘及根部刺吸寄主的汁液，密集为

玉米耕葵粉蚧

害，致受害玉米植株矮小，叶片发黄，生长发育缓慢，下部叶片干枯或根茎变粗，造成全株枯萎死亡。

（三）防治措施

（1）合理轮作，此虫发生重的地块不种禾本科作物，改种非寄主植物如豆类和棉花等；秋季收获后深耕灭茬，杀死在玉米根茬上的越冬卵，冬季在麦田浇抗冻水，可杀死部分越冬虫卵。小麦、玉米收获后翻耕灭茬，及时中耕除草，并将根茬带出田外处理。

（2）防治适期为1龄若虫期，浇灌40%辛硫磷乳油500~1 000倍液，或用10%吡虫啉可湿性粉剂2 000倍液，或用1.8%阿维菌素乳油3 000倍液。用48%毒死蜱乳油1 500倍液，或用25%喹硫磷乳油1 000倍液，一次即可有效控制。

十三、粟灰螟

（一）粟灰螟对玉米的为害

粟灰螟又叫甘蔗二点螟、二点螟、谷子钻心虫，主要为害粟、玉米、高粱、甘蔗等。以幼虫蛀入茎秆取食为害，蛀孔排有少量虫粪和嚼碎残屑。苗期可引起枯心苗。

（二）粟灰螟发生规律

（1）粟灰螟在长城以北，年发生1~2代，黄淮地区3代，珠

幼虫

成虫

江流域 4~5 代，海南省 6 代。以幼虫在谷子、糜、黍根茬里过冬。南方以幼虫或蛹在蔗茎地上部或地下部越冬。

（2）在少雨干旱年份为害重。卵盛孵期遇高温干旱，蚁螟侵入率高，为害重。

（3）谷苗株色浅、茎秆细硬、叶鞘茸毛浓密、分蘖力强和后期早熟等品种，在一定程度上能减轻受害。

（4）粟灰螟的成虫羽化多在 18—22 时，白天藏在谷子叶背、植株的茎基部、杂草深处、土块下或地裂缝等处，20 时后开始活动，午夜后活动较少。

（5）粟灰螟的幼虫蛀茎后 14 天左右（视植株大小），即外出转株为害。

（三）粟灰螟防治方法

（1）推广抗虫玉米品种。

（2）秋耕时，拾净玉米秸秆，集中深埋或烧毁，以减少越冬虫源。

（3）玉米播种期可因地制宜调节，设法使苗期避开成虫羽化产卵盛期，可减轻受害。结合间苗将枯心苗拔除，带出田外深埋。

（4）在粟灰螟卵孵盛期至幼虫蛀茎前，喷洒 21% 灭杀毙 1 500~2 000 倍液、30% 触倒乳油 1 500~2 000 倍液，或用 2.5% 溴氰菊酯乳油 2 500 倍液。

十四、黏虫

玉米黏虫为迁飞性、暴食性害虫，为当前玉米苗期的主要害虫之一。黏虫食性很杂，尤其喜食玉米叶片，使之形成缺刻，大发生时常将叶片吃光，仅剩光秆，造成绝收。黏虫原本是我国农作物的重要害虫，但是随着种植结构调整，20世纪80年代广东、广西南部黏虫越冬发生区不再种植小麦，越冬寄主植物的缺乏导致黏虫越冬种群数量小，很少对农作物生产构成威胁。21世纪初，黏虫在我国大部分地区基本上中等偏轻发生。

近年来由于黏虫在南方冬季繁殖区玉米、甘蔗和再生稻面积的增大，有利于黏虫的种群数量不断积累，自2010年以来黏虫种群数量逐年上升，导致2012年2代黏虫在东北部分地区暴发，加之当年特殊的气候条件，导致3代黏虫回迁受阻，滞留在华北和东北地区，造成该区暴发成灾，发生面积361.3万公顷，重发面积64.7万公顷，重发玉米地块百株虫量一般为100~500头，最高达5 000头，有4 866公顷的玉米叶片被吃光，其中河北、天津、陕西发生为害程度居30年之首，吉林省居20年之首，内蒙古、北京和云南等地居15年来之首。

（一）为害特点

黏虫繁殖力强，产卵部位有选择性，在玉米、高粱等高秆作物上卵多产在枯叶尖部位。幼虫孵化后，集中在喇叭口内取食嫩叶叶肉，3 龄食叶成缺刻，5 龄食量最大，可将叶片吃光。在玉米上多栖息在喇叭口、叶腋和穗部苞叶中。有假死性，3 龄后有自残现象，4 龄以上能群集迁移扩大为害。

（二）取食特性

幼虫取食活动以傍晚、清晨及阴雨天最盛。成虫喜取食蜜源植物，对黑光灯和糖醋酒混合液有很强趋性。黏虫喜温暖高湿条件。降雨一般有利于发生，但大雨、暴雨和短时间的低温，不利于成虫产卵。生长茂密、地势低、杂草多的玉米田发生重。

（三）发生规律

从近年来黏虫发生区域和世代为害特点可见，黏虫的发生规律已经发生变化，原来黏虫 3 代从东北回迁至黄淮海一带为害，但自从 2012 年以来已经多次在东北及华北造成严重为害，2 代和 3 代连续为害的局面多次上演。根据近年来监测到的黏虫种群数量持续较高以及发生情况来看，黏虫发生进入了一个新的阶段，未来黏虫在全国范围内局部严重发生的局面还将持续。

十五、甜菜夜蛾

甜菜夜蛾俗称白菜褐夜蛾，隶属于鳞翅目、夜蛾科，是一种世界性分布、间歇性大发生的以为害蔬菜为主的杂食性害虫。对大葱、甘蓝、大白菜、芹菜、菜花、胡萝卜、芦笋、蕹菜、苋菜、辣椒、豇豆、花椰菜、茄子、芥兰、番茄、菜心、小白菜、青花菜、菠菜、萝卜等蔬菜都有为害。

（一）形态特征

幼虫体色变化很大，有绿色、暗绿色、黄褐色、黑褐色等，腹部体侧气门下线为明显的黄白色纵带，有时呈粉红色。成虫昼伏夜出，有强趋光性和弱趋化性，大龄幼虫有假死性，老熟幼虫入土吐丝化蛹。

（二）生活习性

白天潜伏在杂草、枯叶和土缝等阴暗处，受惊吓后可短距离飞

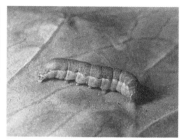

行。多在夜间 20—23 时取食、交尾和产卵，活动最为猖獗。

（三）形态特征

（1）蛹和成虫（蛾）。一年可发生 4~6 代。蛹体长 1 厘米左右，黄褐色。成虫体长 1~1.4 厘米，翅展 2.5~3.3 厘米，体色灰褐色。

（2）卵。卵粒呈圆馒头形，多产于叶背面或叶柄处，初产的卵为浅绿色，接近孵化时为浅灰色，卵块平铺一层或多层重叠，上面覆盖有灰白色绒毛。每雌蛾一般产卵 100~600 粒，卵期 3~5 天，温度低时在 7 天左右孵化成幼虫。

（3）幼虫。初孵幼虫先取食卵壳，后陆续从绒毛中爬出，1~2 龄常群集在叶背面为害，吐丝、结网，在叶内取食叶肉，残留表皮而形成"烂窗纸状"破叶。3 龄以后的幼虫分散为害，严重发生时可将叶肉吃光，仅残留叶脉，甚至可将嫩叶吃光。幼虫体色多变，但以绿色为主，兼有灰褐色或黑褐色，5~6 龄的老熟幼虫体长 2 厘米左右。幼虫有假死性，稍受惊吓即卷成"C"状，滚落到地面。幼虫怕强光，多在早、晚为害，阴天可全天为害。

（4）与其他害虫的典型区别。甜菜夜蛾与棉铃虫、二点委夜蛾和玉米螟的典型区别是：该虫幼虫腹部气门下线为明显的"黄白色纵带"（有时带粉红色），每节气门上方各有一个明显的"白点"，且虫体表面光滑锃亮、蜡质层较厚，对一般常用农药的抗药性极强。

十六、玉米叶螨

玉米叶螨就是红蜘蛛，属蛛形纲，蜱螨目，叶螨科，是多食性害虫，以若虫或成虫在叶背面吸取汁液，造成叶片枯死，影响产量。玉米叶螨是干旱地区的重要虫害。

（一）形态特征

成螨体色随季节变化，一般为红色或锈红色，雌虫呈黎圆形，体长 0.55 毫米左右。雄虫呈卵圆球形。幼螨体近圆形，色泽透明，眼呈红色，足 3 对，取食后体色变暗绿。若螨，足 4 对，体色变深，体侧出现明显的块状色素。

（二）玉米叶螨的种类与分布

玉米叶螨有多种，但优势种主要有截形叶螨、二斑叶螨和朱砂叶螨 3 种, 均属蛛形纲、蜱螨目、叶螨科。

截形叶螨在国内分布于北京、河北、河南、山东、山西、陕西、甘肃、青海、新疆、江苏、安徽、湖北、广东、广西、台湾等省 (区、市); 二斑叶螨和朱砂叶螨为世界性分布的害虫, 在我国华北、华中、华东、华南、西南、西北等地均有分布。其中, 朱砂叶螨在长江流域及其以南为优势种, 而二斑叶螨则在西北地区发生频率较高。

(三) 玉米叶螨的形态特征

3 个优势种在外部形态上不易区别, 最主要的鉴别特征就是三者雄螨的阳具形状不同。雌成螨体长 0.42~0.55 毫米, 宽 0.32 毫米, 椭圆形, 体色常随寄主而异, 多为锈红色至深红色。体背两侧各有 2 个褐斑, 前 1 对大的褐斑可以向体末延伸与后面 1 对小褐斑相连。冬型雌螨橘黄色, 体背两侧无褐斑。

雄成螨体长 0.26~0.36 毫米, 宽 0.19 毫米, 体呈红色或橙红色, 头胸部前端近圆形, 腹部末端稍尖。卵球形, 直径约 0.13 毫米, 淡黄色, 孵化前锈红至深红色。卵初孵的幼螨, 体近圆形, 长约 0.15 毫米, 浅红色、稍透明, 足 3 对。幼螨蜕皮后变为若螨, 分为第 1 若螨和第 2 若螨。足 4 对, 体椭圆形, 体色变深, 体侧出现深色斑点。第 2 若螨仅雌螨具有。

(四) 玉米叶螨的发生规律

1. 生活史

玉米叶螨以受精雌成螨吐丝结网聚集在向阳的玉米、茄秆等枯枝落叶内、杂草根际、树皮和土壤裂缝内越冬。在华北和西北地区一年发生 10~15 代, 长江流域及其以南地区 15~20 代。玉米叶螨在早春和晚秋完成一代需 22~27 天, 而夏季需 10~13 天。在整个发生过程中世代重叠现象严重。

2. 生活习性

出蛰后, 先在田埂、地畔的杂草上活动、取食, 然后转向农田为害。玉米叶螨一般为两性生殖, 也可不经交配进行孤雌生殖, 其后代多为雌性。卵多散产于作物叶背或新吐的丝网上。平均单雌产卵量为 30～100 粒。成螨、若螨先为害作物下部叶片，喜欢群集在玉米叶背中脉附近，吐丝结网为害，并逐渐向上部叶片转移，在适宜的气候环境下扩展到整个叶背至叶面、茎秆。

被害叶片失绿干枯后，叶螨即转迁于其他绿叶再行为害。大发生或食料不足时，常千余头群集叶端成一团，有吐丝下垂借风力扩散传播的习性。

玉米叶螨在田间的分布具有明显的层次性，地头、地边的叶螨数量往往高于地中心的密度，这在叶螨的发生初期尤为突出。在叶螨的为害盛期，以玉米果穗部位上下叶片分布最为密集，果穗下部 2 叶和上部 3 叶的叶螨数量约占整个植株叶螨总量的 70% 以上。

3. 发生时期

在玉米整个生育期的迁移扩散可分为 5 个阶段：① 翌年早春，当 5 日平均气温达 3℃ 左右时，越冬螨即开始活动，3 月下旬至 4 月中旬，当 5 日均温达 7℃ 以上，越冬雌成螨产卵；② 5 月均温达 12℃ 以上，第 1 代卵开始孵化，发育至若螨和成螨时，正值春玉米出苗，在田埂杂草上的一部分螨经风吹或爬行，转入玉米苗上为害，为迁入定居期；③ 6 月中旬至 7 月上旬进入扩散增殖期，是玉米叶螨发生为害的第 1 个高峰，玉米叶螨的繁殖加快；④ 7 月中旬至 8 月上旬进入扩散高峰期，此时叶螨进入为害繁殖高峰期，种群数量迅速上升，叶螨上升到雌穗以上叶片为害，进入为害高峰期；⑤ 9 月上旬进入迁移越冬期，随着气温下降和玉米植株衰老，茎叶营养减退，以及天敌的自然控制和叶螨数量急剧下降，转移到根茬和杂草根际越冬。

4. 环境因素

高温、干旱有利叶螨的发生，低温、降水对叶螨有抑制作用，秋、冬季及早春气温偏高有利叶螨越冬。如朱砂叶螨发育起点温度 7.7～8.8℃，最适温度 25～30℃，最适相对湿度 35%～55%。若 5—6 月干旱少雨，螨量上升快；若 7—8 月干旱少雨，有利于叶螨大发生。雨季降水强度大，可冲刷大量叶螨，使螨量下降。

5. 栽培因素

玉米与小麦套种，则麦田的越冬螨量多，春季食料充足，有利于叶螨的生长发育和繁殖，为玉米田提供了大量螨源，这是近年来玉米叶螨加重趋势的主要原因之一。

此外，玉米叶螨寄主种类多，能引起严重产量损失的栽培作物有高粱、大豆、花生、瓜类、番茄等多种作物和蔬菜，以及车前草、打碗花、反枝苋、凹头苋等杂草，为玉米叶螨提供了众多的生存场所，尤其是疏于管理、杂草丛生的玉米田，发生严重。

6. 天敌因素

玉米叶螨的天敌很多，主要有深点食螨瓢虫、塔六点蓟马、小花蝽、中华草蛉、大草蛉、草间小黑蛛、津川钝绥螨、拟长毛钝绥螨等，对玉米叶螨有重要的抑制作用。

（四）玉米叶螨的防治方法

1. 农业防治

早春或秋后灌水，将螨冲淤在泥土中窒息死亡，消灭虫源；及时将玉米秸秆全部处理干净，消灭玉米叶螨的越冬虫体；及时清除田间、田埂、沟渠旁杂草，减少害螨食料和繁殖场所；在叶螨发生初期，将玉米植株底部有螨叶片剪除。在严重发生地区，避免玉米与小麦、大豆等间作，都能显著减少其种群数量。

2. 药剂防治

运用化学农药进行防治仍是当前的主要防治方法。玉米叶螨的最佳防治时间应在玉米叶螨快速增长的初期防治第 1 次，间隔 10 天根据虫情防治第 2 次。防治玉米叶螨有效的药剂有灭扫利乳油 2 000~3 000 倍液、5%尼索朗乳油 1 500~2 000 倍液、20%速螨酮乳油 3 000 倍液、73%克螨特乳油 2 000~3 000 倍液、25%卡死克乳油 1 500 倍液、15%螨灵乳油 3 000~4 000 倍液、10%吡虫啉可湿性粉剂 2 500 倍液、10%除尽乳油 2 000 倍液等。

十七、黄星蝗

（一）黄星蝗对玉米的为害

黄星蝗又叫尖头黄星蝗，以成虫和若虫食害寄主的叶片、嫩芽、花朵、小枝。

（二）黄星蝗发生规律

黄星蝗在辽宁年生 2 代，以末龄幼虫在土下 20~25 厘米处越冬，翌年 5 月化蛹、羽化为成虫，6 月产卵，7 月上旬至 8 月中旬进入幼虫活动期，8 月中旬至下旬化蛹、羽化，进入 9 月初

又产卵、孵化为幼虫，10 月幼虫进入老熟状态，入土化蛹。

（三）黄星蝗防治方法

（1）在越冬幼虫开始为害时，在土表撒施 2.5% 辛硫磷粉剂或 5% 杀虫畏药土，后锄或耙入土中或灌水，使药液渗入土中。

（2）在必要时浇灌 0.6% 无名霸（苦参烟碱醇液）1 000~1 500 倍液。

（3）在发现为害时，可在地面堆放拌有低毒农药的新鲜菜叶，诱集幼虫，集中消灭。

十八、东亚飞蝗

（一）东亚飞蝗对玉米等的危害

东亚飞蝗主要为害麦类、高粱、玉米、粟、大豆等多种农作物。以成、若虫咬食植物的叶片和茎，大发生时成群迁飞，把成片的农作物吃成光秆。

（二）东亚飞蝗发生规律

（1）东亚飞蝗在北京以北每年发生 1 代，渤海湾、黄河下游、长江流域每年发生 2 代，广西、广东、台湾等省（区）每年发生 3

代，海南省可发生 4 代。在各地均以卵在土中越冬。

（2）在遇有干旱年份，荒地随天气干旱水面缩小而增大时，利于蝗虫生育，宜蝗面积增加，容易酿成蝗灾。

（3）飞蝗密度小时为散居型，密度大了以后，个体间相互接触，可逐渐聚集成群居型，群居型飞蝗有远距离迁飞的习性。地形低洼、沿海盐碱荒地、泛区、内涝区都易成为飞蝗的繁殖基地。成虫产卵时对地形、土壤性状、土面坚实度、植被等有明显的选择性。

（三）东亚飞蝗防治方法

（1）注意兴修水利，疏通河道，排灌配套，做到旱、涝保丰收；提倡垦荒种植，大搞植树造林，创造不利于蝗虫发生的生态条件，使蝗虫失去产卵的适生场所。坚决贯彻执行"改治并举、根除蝗害"的方针，做到从根本上控制蝗灾。

（2）因地制宜种植飞蝗不喜食的作物，如甘薯、马铃薯、麻类等，断绝飞蝗的食物来源。

（3）使用蝗虫微孢子虫、绿僵菌等防治，效果较好，且对天敌安全。

（4）药剂防治。要根据发生的面积和密度，做好飞机防治与地面机械防治相结合，全面扫残与重点挑治相结合，夏蝗重治与秋蝗扫残相结合。于蝗蝻 3 龄以前，喷洒 4.5% 高效氯氰菊酯乳油

1 500~2 000 倍液、20%氰·马乳油 1 500 倍液、25%敌马乳油 500 倍液，或用 50%马拉硫磷乳油 800 倍液。大面积发作时，用 25% 快杀灵乳油 1 200 倍液采取飞机喷雾。最佳施药方法为飞机飞行高度为 10 米，有效喷幅 100~150 米。

十九、桃蛀螟

桃蛀螟原是果树上的重要害虫，20 世纪 80 年代中期，黄淮海夏玉米区桃蛀螟占玉米秸秆中越冬的钻蛀性害虫幼虫的比例不到 1%，90 年代后期以来，桃蛀螟在黄淮海和西南玉米生产区的为害逐渐加重。在黄淮海地区，有些地块或年份桃蛀螟种群数量与为害程度已超过玉米螟，成为该区玉米穗期的主要害虫，已形成桃蛀螟与玉米螟、棉铃虫混合为害的态势。随着西南地区玉米种植面积增大，桃蛀螟将加重发生。

幼虫 成虫

（一）桃蛀螟的为害

在棉田中，桃蛀螟幼虫主要蛀食棉铃，引起烂铃。为害高粱时，初孵幼虫钻入高粱幼嫩籽粒内，用粪便或食物残渣把口封住，在其内蛀害；长大后吐丝结网缀合小穗，藏匿其中蛀食籽粒，也可以蛀食茎秆。为害玉米时，主要蛀食雌穗，啃食玉米籽粒，也可以蛀茎为害，不仅造成产量损失，还加重穗腐病发生，导致玉米籽粒品质降低。

（二）桃蛀螟发生规律

（1）桃蛀螟在我国北方各省每年发生 2~3 代，南京 4 代，江西、湖北 5 代。以老熟幼虫化蛹在穗中或叶腋、叶鞘、枯叶等处越冬。玉米的秸秆里也有一少部分越冬幼虫。

（2）桃蛀螟在多雨高湿年份，发生严重。

（3）紧穗玉米品种重于半紧穗品种，散穗型品种受害最轻。晚播重于早播，夏播重于春播。

（4）桃蛀螟的成虫对黑光灯有强烈的趋性，对糖醋味也有趋性，白天停歇在叶背面，傍晚以后活动。

（三）桃蛀螟防治方法

（1）在冬前玉米要脱空粒，并及时处理玉米寄主的秸秆。

（2）在桃蛀螟产卵盛期喷洒 50%辛硫磷乳油 1 000 倍液，提倡喷洒苏云金杆菌 75~150 倍液或青虫菌液 100~200 倍液。

二十、华北蝼蛄

（一）华北蝼蛄对玉米的为害

华北蝼蛄又叫拉拉蛄、地拉蛄、土狗子、地狗子等，国内分布广泛，是重要的地下害虫之一。主要以成虫、若虫均在土中活动，取食播下的种子、幼芽或将幼苗咬断致死，受害的根部呈乱麻状。由于蝼蛄的活动将表土层窜成许多隧道，使苗根脱离土壤，致使幼苗因失水而枯死，严重时造成缺苗断垄。

（二）华北蝼蛄发生规律

（1）华北蝼蛄 3 年左右完成 1 代。以成、若虫在土中越冬。

（2）初孵若虫留在卵室内，由成虫哺育长大，经过 40~60 天蜕皮 3~5 次后才离开卵室外出觅食。其他习性与东方蝼蛄相似。

（三）华北蝼蛄防治方法

（1）冬春季节耕翻土地，毁坏蝼蛄窝室，冻死越冬蝼蛄。

（2）在华北蝼蛄成虫盛发期设置黑光灯诱杀，尤其在温度高、

天气闷热、无风的夜晚诱杀效果好。

（3）防治华北蝼蛄可用57%辛硫磷0.25千克，麦麸1.5~2.5千克，加适量水（拌匀成团，撒出去又能散开），每亩施用2千克，在无风闷热的傍晚施撒效果最佳。

二十一、斜纹夜蛾

（一）斜纹夜蛾对玉米的为害

斜纹夜蛾又叫莲纹夜蛾、莲纹夜盗蛾，以幼虫食叶为主，也咬食嫩茎、叶柄，大发生时，常把叶片和嫩茎吃光，造成严重损失。

（二）斜纹夜蛾发生规律

（1）斜纹夜蛾在我国华北地区每年发生4~5代，长江流域5~6代，福建6~9代。幼虫由于取食不同食料，发育参差不齐，造成世代重叠现象严重。在华北大部分地区以蛹越冬，少数以老熟幼虫入土作室越冬；在华南地区无滞育现象，终年繁殖；在长江流域以北的地区，越冬问题尚无结论。

（2）斜纹夜蛾是一种喜温性害虫，其生长发育最适宜温、湿度条件为温度28~30℃，相对湿度75%~85%。38℃以上高温和冬季低温，对卵、幼虫和蛹的发育都不利。当土壤湿度过低，含水量在20%以下时，不利于幼虫化蛹和成虫羽化。1~2龄幼虫如遇暴风雨则大量死亡。蛹期大雨，田间积水也不利于羽化。

（3）如田间水肥好，作物生长茂盛的田块，虫口密度往往较大。土壤含水量在20%以下，对化蛹、羽化均不利。

（4）斜纹夜蛾成虫终日均能羽化，以18—21时为最多。羽化后白天潜伏于作物下部、枯叶或土壤间隙内，夜晚外出活动，取食花蜜作为补充营养，然后才能交尾产卵，未取食者只能产卵数粒。产卵前期1~3天，但也有少数成虫羽化后数小时即可交尾产卵。卵多产于高大、茂密、浓绿的边际作物上，以植株中部叶片背面叶脉分叉处最多。每雌可产卵8~17块，1 000~2 000粒，最多可达3 000粒以上。成虫飞翔力强，受惊后可做短距离飞行，一次可飞数十米远，高达10米以上。成虫对黑光灯趋性很强，对有清香气味的树枝把和糖醋等物也有一定的趋性。喜把卵产在高大茂密或浓绿的植株上，中部着卵多，顶部和基部较少，着卵部位主要在植株中部叶片背面叶尖1/3处，叶片正面、叶柄及茎部着卵少。

（5）斜纹夜蛾的卵发育历期，22℃约7天，28℃约2.5天。

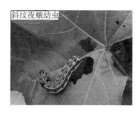
斜纹夜蛾幼虫

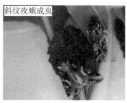
斜纹夜蛾成虫

斜纹夜蛾蛹

（6）斜纹夜蛾幼虫在晴天早晚为害最盛，中午常躲在作物下部或其他隐蔽处，阴天可整天为害。初孵幼虫群集为害，啃食叶肉留下表皮，呈窗纱透明状，也有吐丝下垂随风飘散的习性；3龄以上幼虫有明显的假死性；4龄幼虫食量剧增，占全幼虫期总食量的90%以上，当食料不足时有成群迁移的习性。幼虫发育历期21℃约27天，26℃约17天，30℃约12.5天。老熟幼虫入土作土室化蛹，入土深度一般为1毫米，土壤板结时可在枯叶下化蛹。

（7）斜纹夜蛾的蛹发育历期，28~30℃约9天，23~27℃约13

天。斜纹夜蛾抗寒力弱，在 0℃左右长时间低温条件下，基本不能生存。

二十二、草地螟

（一）草地螟对玉米的为害

草地螟又叫黄绿条螟、甜菜网螟、网锥蛾野螟，是一种间歇性暴发成灾的害虫，初孵幼虫取食叶肉，残留表皮，长大后可将叶片吃成缺刻或仅留叶脉，使叶片呈网状。大发生时，也为害花和幼荚；草地螟幼虫常常是吃光一块地后，集体迁移至另一块地。可为害小麦、燕麦、玉米、高粱、甜菜、甘蓝、大豆、豌豆、扁豆、菊科杂草等。

（二）草地螟发生规律

（1）草地螟一年发生 2~4 代，以老熟幼虫在土内吐丝作茧越冬。

（2）草地螟的成虫飞翔力弱，喜食花蜜，卵散产于叶背主脉两侧，常 3~4 粒在一起，以距地面 2 毫米的茎叶上最多。

（3）草地螟的初孵幼虫多集中在枝梢上结网躲藏，取食叶肉，3 龄后食量剧增。

（三）草地螟防治方法

（1）在卵已产下，而大部分未孵化时，结合中耕除草灭卵，将除掉的杂草带出田外沤肥或挖坑埋掉。同时要除净田边地埂的杂草，以免幼虫迁入农田为害。在幼虫已孵化的田块，一定要先打药后除草，以免加快幼虫向农作物转移而加重为害。

（2）在草地螟幼虫 3 龄之前喷洒 5%的溴氰菊酯 2 000~2 500 倍液，或用 2.5%功夫菊酯乳油 1 800~2 000 倍液，或用 20%的氰戊菊酯乳油 1 000~1 500 倍液，或用 2.5%保得乳油 2 000 倍液，或用 50%辛硫磷乳油 1 500 倍液，或用 20%三唑磷乳油 700 倍液。

二十三、稀点雪灯蛾

（一）稀点雪灯蛾对玉米的为害

稀点雪灯蛾又叫黄毛虫，主要为害玉米、小麦、谷子、蔬菜、桑等。稀点雪灯蛾的幼虫为害玉米、小麦、谷子、花生、棉花叶片，尤其为害套种的玉米苗，初孵幼虫取食叶肉，残留表皮和叶脉，3龄后蚕食叶片，5龄进入暴食期，可把玉米叶片吃光。幼虫食叶成缺刻或孔洞，严重的仅留叶脉。

（二）稀点雪灯蛾发生规律

（1）稀点雪灯蛾在河北、山东一带每年发生3代，以末龄幼虫爬至地头、路旁石块或枯枝杂草丛中吐丝结薄茧化蛹越冬。

（2）稀点雪灯蛾的成虫趋光性强，白天喜欢栖息在植物丛中叶背面，晚上飞出活动。

（3）稀点雪灯蛾初孵幼虫只啃食叶肉，3龄后把叶片吃成缺刻或孔洞，4~6龄进入暴食阶段，食料缺乏时互相残杀；幼虫上午栖息在叶背面或土块及枯枝落叶下，下午开始取食，傍晚最盛。

（三）稀点雪灯蛾防治方法

（1）玉米适当密植，注意通风透光，可减少着卵，降低幼虫密度。套种玉米的地区要适当晚播，尽量避开该虫发生及为害盛期。

稀点雪灯蛾幼虫

稀点雪灯蛾成虫

（2）用 50%辛硫磷乳油 100 毫升/亩，兑水拌细干土 15 千克，于傍晚撒施毒土，也可用杀虫剂于傍晚喷洒，效果也很好。必要时可喷洒 48%毒死蜱乳油 1 000 倍液。

二十四、红缘灯蛾

（一）红缘灯蛾对玉米的为害

红缘灯蛾又叫红袖灯蛾、红边灯蛾，主要为害玉米、谷子、高粱、马铃薯、甘薯、棉花、大豆等 26 科 100 种以上植物。红缘灯蛾以幼虫取食叶片成缺刻和孔洞，也可为害花和果，对产量影响较大。

（二）红缘灯蛾发生规律

（1）红缘灯蛾在河北年发生 1 代，南京 3 代，以蛹越冬。5—6 月开始羽化。

（2）红缘灯蛾的成虫白天在作物叶背等处所隐藏，夜间活动、交尾。雄蛾活跃，善飞翔，趋光性较强。雌蛾飞翔力较差，多在晚上产卵，喜产于作物中上部叶背，卵粒排成多行、长条形，每块有卵 40~50 粒，每雌产卵量 640~1 112 粒。

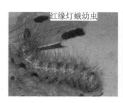

红缘灯蛾幼虫　　　红缘灯蛾成虫　　　红缘灯蛾蛹

（3）红缘灯蛾的幼虫孵化后群集为害，先取食叶片下表皮和叶肉，仅留上表皮和叶脉，受害叶面出现斑驳的枯斑。低龄幼虫行动敏捷，遇振动即吐丝下垂，扩散为害。3 龄后分散为害，爬行迅速，可蚕食叶片，咬成缺刻。幼虫每天 10 时前和 16 时后取食较盛，有转株为害习性。整个幼虫期为 31~45 天。老熟后即爬至附近的旱沟、路边、泥墙等处的缝隙中吐丝作茧化蛹。

二十五、小穗螟

（一）小穗螟对玉米的为害

小穗螟又叫高粱穗螟、高粱穗隐斑螟，以幼虫食害籽粒，使籽粒破碎、干瘪。

（二）小穗螟发生规律

（1）小穗螟在苏北沿江地区及鲁南一带一年发生3代。以老熟幼虫在高粱穗内或穗茎的叶鞘等处结茧越冬。在鲁南第一代幼虫于7月下旬至8月中旬为害春高粱和杂交制种高粱。第二代幼虫于8月中旬至9月中旬初为害夏高粱。第三代幼虫于9月上旬至10月上旬，与二代末期重叠发生，为害晚播或生育期较长的夏高粱。

（2）小穗螟的幼虫极活泼，受震动即向穗内躲藏或吐丝下垂。3龄以后的幼虫常吐丝结网。末龄幼虫在穗上结薄丝筒，将高粱穗粒粘在一起，躲在筒内食害籽粒，并化蛹于丝筒内。一条幼虫一生可食10多个籽粒。当每穗有虫5~6头时，玉米减产20%左右，虫数多时，减产更大。

（三）小穗螟防治方法

（1）越冬防治。针对小穗螟以幼虫在高粱茎、穗中越冬的特点，可采取有效措施阻止幼虫进入越冬场所，从而压低来年初发虫源。

小穗螟为害雌穗

小穗螟为害玉米秸秆状

（2）秋收时晒场穗堆周围置放谷草，于夜晚盖以谷草或草席，可诱集幼虫，集中处理。

（3）在玉米扬花盛期至末期可施用杀螟畏、马拉硫磷或乐果喷穗。

二十六、白星花金龟

（一）白星花金龟对玉米的为害

白星花金龟又称白纹铜花金龟、白星花潜、白星金龟子、铜克螂。以成虫取食玉米花丝，多在玉米吐丝授粉期至灌浆初期为害，也有的在玉米灌浆盛期成虫啃食玉米籽粒。白星花金龟成虫群集在玉米雌穗上，从穗轴顶花丝处开始，逐渐钻进苞叶内，取食正在灌浆的籽粒。被害玉米穗花丝脱落，籽粒被食，排出的白色稀粥状粪便污染下部叶片，影响光合作用。被害玉米严重减产，被害穗遇雨水浇淋，易引发病害。

（二）白星花金龟发生规律

（1）白星花金龟每年发生 1 代，以幼虫在土中越冬。

（2）白星花金龟在 5 月上旬出现成虫，发生盛期为 6—7 月，9 月为末期。

（3）白星花金龟的成虫白天活动，有假死性，对酒醋味有趋性，飞翔力强，常群聚为害留种蔬菜的花和玉米花丝，产卵于土中。养殖园区一些废弃的羊圈内残余部分羊粪，该虫寄生于羊粪内，由于天气干旱少雨，羽化为成虫后钻出土壤，飞到玉米、葡萄、番茄等植物果实上为害。

（三）白星花金龟防治方法

（1）搞好环境卫生，将生活垃圾、农作物秸秆、树叶等有机质及时清理，将厩肥、人粪尿等农家肥及时入田或沤制，通过高温发酵腐熟，杀死虫卵和幼虫，减少成虫产卵繁殖和幼虫生存的场所。在将农家肥、烂柴草、树叶等碎烂有机质入田的过程中，及时捡拾幼虫。

（2）在肥水充足、种植大穗型品种的高产玉米田，特别是田块边行的玉米植株，要进行适当密植，促使玉米穗不过大，使玉米苞叶能够将玉米穗顶部完全包住，减少白星花金龟成虫的取食机会。

（3）利用白星花金龟成虫的假死性和群聚性，用透明网兜或塑料袋套住被害的玉米穗，人工捕杀成虫。

（4）利用白星花金龟成虫的趋化性，诱杀成虫。在6—8月成虫发生盛期，将白酒、红糖、食醋、水、90%晶体敌百虫按1：3：6：9：1的比例在盆内拌匀，配制成糖醋液，放置在腐烂有机质较多的场所或玉米田边，架起与玉米雌穗位置大致相同的高度诱杀成虫，其效果较好，同时还可兼诱其他害虫。也可用10毫米长的瓶子、竹筒等小口容器，内盛腐熟的果实2~3个，加少许糖蜜，而后悬挂在玉米植株或树干上，诱集成虫，于每日15—16时收集成虫杀死。

（5）于9月上中旬，玉米灌浆初期，可用50%辛硫磷乳油等药剂1 000倍液，在玉米穗顶部滴液，可防治白星花金龟成虫的为害，还可兼治棉铃虫、玉米螟等其他蛀穗害虫。

二十七、粟负泥甲

（一）粟负泥甲对玉米的为害

粟负泥甲又叫粟叶甲、粟负泥虫、谷子负泥虫，主要为害粟、大麦、小麦、稻、玉米等。

粟负泥甲以成虫和幼虫在粟苗期至心叶期为害叶片。成虫沿叶脉咬食叶肉，受害叶片形成白色条纹。幼虫多藏在心叶内取食嫩叶，使叶面出现白色条斑。受害严重时，造成枯心，烂叶或整株枯死。

（二）粟负泥甲发生规律

（1）粟叶甲在华北、西北和东北一年发生1代，以成虫于9月上中旬随天气变冷而逐渐越冬。成虫潜于杂草根际、作物残株内、谷茬地土缝中或梯田地堰石块下越冬。华北和西北越冬成虫于翌年5月中旬开始活动，东北则在6月上旬开始活动。

（2）粟叶甲一般在山旱地、旱播田、谷苗长势好的地块发生严重。而川水地、晚播田、谷苗长势差的地块发生较轻。5—6月降雨偏多，丘陵地区发生比较严重。

（3）粟负泥甲的越冬成虫出蛰后，先在杂草上为害，粟出苗后，即成群转迁到谷田为害。成虫有假死性，受惊后即落地假死，并有一定的趋光能力，飞翔力不强。出蛰后的5—6月及秋季，中午前后活跃，仲夏中午高温时活动变缓。一般白天不取食，只作短距离飞翔，多在谷苗叶背面或心叶内栖息。傍晚成虫爬出心叶，在植株上部叶片上爬行，或飞到就近植株叶片上求偶、交尾、产卵或取食。成虫顺叶脉取食叶肉，只留表皮，形成白色条状，使叶片焦枯破碎。越冬代成虫经过充分取食，交尾产卵，成虫将卵散产于谷苗第1~6叶的背面近中脉处，尤以第2、第3谷叶上最多。卵粒常1~4粒呈"一"字形排列。初产时为浅黄色，孵化前黑色。卵耐干旱，耐雨水冲刷，孵化率很高。卵期约7天。雌成虫多次交配，一生产卵5~11次，每次可产卵3~29粒，一般为6~11粒。由于成虫产卵历期较长，发生世代很不整齐，6 月田间可见到成虫、卵及幼虫。

（4）粟负泥甲的初孵幼虫爬行缓慢，陆续潜入谷苗心叶或接近心叶的叶鞘为害。一般 3~5 头，多至 20 头潜入同一株玉米苗心叶里取食叶肉，残留叶脉及表皮，致使叶片呈现白色焦枯纵行条斑。幼虫有自相残杀现象，2 龄后食量增大。粪便排于心叶内或叶鞘，并有部分粪便常背于体背上。幼虫共 4 个龄期，1、2 龄幼虫期一般各 6 天，3、4 龄幼虫期一般各 5 天。幼虫期 20 天左右。幼虫为害盛期，华北和西北地区一般为 5 月下旬至 6 月中下旬，东北地区则为 6 月中旬至 7 月。老熟幼虫多在晚上从心叶内爬至叶尖，坠落地面，选择疏松湿润土壤，便钻入 1~2 厘米深处作茧化蛹。茧外沾细土，因此茧色与土壤颜色不易区别。6 月下旬至 9 月上旬都有化蛹，但化蛹盛期在 7 月上旬，蛹期 16~21 天，一般 18 天左右。7 月上旬出现当代成虫。成虫羽化时将茧咬一小孔爬出。羽化盛期为 7 月下旬。

（三）粟负泥甲防治方法

（1）清除杂草。秋后或早春，结合耕地，清除田间农作物残株落叶和地头、地埂的杂草，集中烧毁，破坏成虫越冬场所，减少越冬虫源。

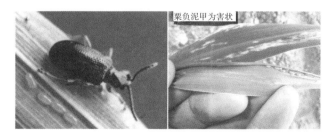

粟负泥甲为害状

（2）捕杀成虫。掌握成虫盛发期，利用成虫的假死性，进行人工捕杀成虫。

（3）有计划地提前播种。小面积的诱集田，将越冬成虫诱集于长势好的早播诱集田内，集中消灭，减少防治面积。

（4）以消灭越冬代成虫为主，兼治幼虫。在成虫发生高峰期和卵孵化盛期防治。可用50%的辛硫磷乳油1 500倍液，或用40%的氧化乐果乳油1 500倍液，或用2.5%的溴氰菊酯乳油，或用20%的氰戊菊酯乳油2 000~2 500倍液，或用2.5%的溴氰菊酯乳油、40%的乐果乳油、80%的敌敌畏乳油等量混合液喷雾。

二十八、玉米金针虫

（一）形态特征

玉米金针虫为叩头虫的幼虫，属多食性地下害虫，俗称铁丝虫，成虫俗称叩头虫。属鞘翅目，叩头虫科，种类很多。主要有三种为害较重：沟金针虫、细胸金针虫和褐纹金针虫。其中沟金针虫体色黄褐色（初孵化时白色），体形较宽，扁平，胸腹背面有1条纵沟；细胸金针虫体色淡黄褐色（初孵白色半透明）细长，圆筒形。金针虫体坚硬光滑有光泽，老幼虫体长13~20毫米。

（二）生活习性

金针虫约3年1代，以成虫和幼虫在土中越冬。越冬成虫3月出土活动，5月为产卵高峰期，卵孵化后即开始为害，幼虫喜潮湿的土壤，一般在 10 厘米土温 7~13℃时为害严重。成虫羽化后，活动能力强，对刚腐烂的禾本科草类有趋向性。

（三）为害特点

为害时，可咬断刚出土的幼苗，也可钻入已长大的幼苗根里取食为害，被害处不完全咬断，断口不整齐。还能钻蛀咬食种子及块茎、块根，蛀成孔洞，被害株则干枯而死亡。

（四）防治方法

由于金针虫是幼虫不出土的地下害虫，又没有趋味性，因此防治只有将药剂施入土中才有效。

（1）药剂拌种。用 50%辛硫磷、48%毒死蜱按种子重量的 0.1%~0.2%药剂和种子重量 10%~20%的水兑匀，均匀地喷洒在种子上并闷种 4~12 小时。

（2）灌根。用 40%的乐果乳油或 48%的毒死蜱乳油或 50%的辛硫磷或 15%毒死蜱乳油 1 000 倍液进行灌根。

（3）施用毒土。每亩用 5%甲基毒死蜱颗粒剂 2~3 千克拌细土 25~30 千克。也可亩用 50%辛硫磷乳油 200~250 克，加水 10 倍，喷于 25~30 千克细土上拌匀成毒土，顺垄条施，随即浅锄。

（4）发生严重时可浇水迫使害虫垂直移动到土壤深层，减轻为害。

需要引起注意的是，如玉米已施用了主要成分为烟嘧磺隆的茎叶处理除草剂，施用前后 7 天禁止用有机磷农药，否则会发生药害。

第三节　主要杂草

一、苍耳

苍耳属菊科一年生草本植物。北方主要为害大豆、玉米、小麦、向日葵、马铃薯等。南方主要为害果树。此外还是棉蚜、棉铃虫、棉金钢钻等害虫的寄主。广布全国各地。

苍耳耐干旱瘠薄。河南 4 月下旬发芽，5—6 月出苗，7—9 月开花，9—10 月成熟。黑龙江 5 月上中旬出苗，7 月中下旬开花，8 月中下旬种子成熟。种子易混入农作物种子中。根系发达，入土较深，不易清除和拔出。

形态特征：幼苗粗壮，子叶椭圆形披针状，肉质肥厚。成株茎直立分枝多，粗壮，具钝棱和长条状斑点，株高 30~100 厘米，叶互生有长柄；叶片三角状卵形或心形，边缘浅裂或具齿，两面均生有糙伏毛。花单性，浅黄绿色，雌雄同株；雄花头状花序球形，密集在枝端；雌花头状花序椭圆形，生在雄花序的下方，总苞具钩刺，内有 2 花。瘦果包在坚硬的、有钩刺的囊状总苞之中，种子繁殖。

二、狗尾草

狗尾草别名谷莠子、莠草，禾本科，一年生草本植物。全国各地都有分布。主要为害谷子、玉米、高粱、小麦、大豆、棉花、蔬菜、果树等作物。

狗尾草颖果长卵形，扁平，长 1.3~2.2 毫米，宽 0.7~1 毫米，厚 0.5~0.8 毫米，表面浅灰绿色或黄绿色，具点状突起排列成的细条纹。胚芽鞘阔披针形，紫红色，长 2.5~3 毫米；第一片叶长圆形，长

10毫米左右，宽2.5~3毫米，浅绿色或鲜绿色；第二片叶较长，叶舌为一圈1~2毫米长的密集柔毛。茎直立或基部膝曲；叶鞘松弛裹茎，鞘口具柔毛。叶片扁平，长10~20厘米，宽0.8~1.5厘米，先端渐尖，基部阔而稍抱茎，两面及边缘皆具极洲顺刺毛。圆锥花序紧密呈圆柱状，长2~20厘米，穗轴多分枝，每枝生数个小穗，密集呈球状；小穗长椭圆形，长2~2.5毫米；外颖卵形，长为小穗的1/3，具3脉，内颖与外稃与小穗近等长，具5~7脉，内稃膜质，长为小穗的1/2，小穗基部具5~6条刚毛，长4~12毫米，绿色、黄色或变成紫色。

狗尾草为一年生杂草，发芽适宜温度为15~30℃，10℃也能发芽，但发芽率低且出苗缓慢，在土层中出苗深度为0~8厘米。在黑龙江5月初开始出苗，可持续到7月下旬，7—8月开花，8—9月种子成熟，成熟种子须经越冬休眠才能发芽。上海地区4月中下旬出苗，5月下旬达高峰，9月上中旬还有一个发生高峰，一年可发生2~3代。

三、虎尾草

虎尾草属一年生草本植物，禾本科。分布在全国各地。为害旱作物、果园或苗圃。

虎尾草茎直立，株高20~60厘米，斜伸或基部膝曲，秆丛生，光滑无毛。叶片披针形条状；叶鞘光滑，背部有脊；叶舌有小纤毛。穗状花序4~10个，簇生在秆顶，小穗排列在穗轴之一侧，有花2~3个，下部花结实，上部花不孕互相包卷成球状体；颖膜质，第二颖较第一颖长，有短

芒。颖果浅棕色，狭椭圆形。靠种子繁殖。本种为各种牲畜食用的牧草，由于分布广，体形变异幅度甚大，如植株的高度、叶片长度、花序长度等在各地不同生境的标本上可相差 1~3 倍，但小穗除颖外只有 2 芒、不孕外稃发育良好、顶端截形等特征是稳定的。

四、藜

藜属藜科一年生草本植物。别名灰菜。广布全国各地。主要为害小麦、玉米、谷子、大豆、棉花、蔬菜、果树等农作物。

藜茎直立，高 30~120 厘米，多分枝，具条纹。叶互生有长柄；基部叶片较大，多呈菱状或三角状卵形，边缘具不整齐的浅裂或波状齿；茎上部的叶片较窄，叶背具粉粒。花序圆锥状，两性花，5 个花被片。胞果包于花被内或微露。种子双凸镜形，黑褐色至黑色。

藜

藜适应性很强，抗寒耐旱，发芽适温 15~25℃，黑龙江 4 月中旬开始出苗，6 月下旬开花，7 月下旬种子成熟；上海地区 3 月开始发生，4—5 月达高峰，6 月以后发生少，9—10 月开花结实。每株可结籽 2 万粒，在土壤中深 4 厘米能发芽，土壤含水量 20%~30%发芽率高。

五、马唐

马唐是单子叶植物纲、禾本科，马唐属一年生。秆直立或下部倾斜，膝曲上升，无毛或节生柔毛。叶鞘短于节间，无毛或散生疣基柔毛；叶片线状披针形，基部圆形，边缘较厚，微粗糙，具柔毛或无毛。穗轴直伸或开展，两侧具宽翼，边缘粗糙；小穗椭圆状披针形，脉间及边缘大多具柔毛；第一外稃等长于小穗，具7脉，中脉平滑，两侧的脉间距离较宽，无毛，边脉上具小刺状粗糙，脉间及边缘生柔毛；第二外稃近革质，灰绿色，顶端渐尖，等长于第一外稃；花果期6—9月。

马唐生于路旁、田野。在野生条件下，马唐一般于5—6月出苗，7—9月抽穗、开花，8—10月结实并成熟。人工种植生育期约150天。马唐的分蘖力较强。一株生长良好的植株可以分生出8~18个茎枝，个别可达32枝之多。故在放牧或刈割的情况下，其再生力是相当强的。据湖南省畜牧兽医研究所的资料，在生长期内能刈割3~4次，刈割青草应留茬10厘米以上，留茬太低，降低其再生力。

马唐是一种生态幅相当宽的广布中生植物。从温带到热带的气候条件均能适应。它喜湿、好肥、嗜光照，对土壤要求不严格，在弱酸、弱碱性的土壤上均能良好地生长。它的种子传播快，繁殖力强，植株生长快，分枝多。因此，它的竞争力强，广泛生长在田边、路旁、沟边、河滩、山坡等各类草本群落中，甚至能侵入竞争力很强的狗牙根、结缕草等群落中。

六、反枝苋

反枝苋是苋科、苋属一年生草本植物，高可达1米多；茎粗壮直立，淡绿色，叶片菱状卵形或椭圆状卵形，顶端锐尖或尖凹，基

部楔形，两面及边缘有柔毛，
下面毛较密；叶柄淡绿色，有
柔毛。圆锥花序顶生及腋生，
直立，顶生花穗较侧生者长；
苞片及小苞片钻形，白色，花
被片矩圆形或矩圆状倒卵形，
白色，胞果扁卵形，薄膜质，
淡绿色，种子近球形，边缘钝。
7—8月开花，8—9月结果。

我国分布于黑龙江、吉林、
辽宁、内蒙古、河北、山东、
山西、河南、陕西、甘肃、宁
夏、新疆。生在田园内、农地旁、人家附近的草地上，有时生在瓦
房上。

七、马齿苋

中国南北各地均产。性喜肥沃土壤，耐旱也耐涝，生活力强，
生于菜园、农田、路旁，为田间常见杂草。

一年生草本，全株无毛。茎平卧或斜倚，伏地铺散，多分枝，
圆柱形，长10~15厘米，淡绿色或带暗红色。茎紫红色，叶互生，

有时近对生，叶片扁平，肥厚，倒卵形，似马齿状，长1~3厘米，宽0.6~1.5厘米，顶端圆钝或平截，有时微凹，基部楔形，全缘，上面暗绿色，下面淡绿色或带暗红色，中脉微隆起；叶柄粗短。

花无梗，直径4~5毫米，常3~5朵簇生枝端，午时盛开；苞片2~6，叶状，膜质，近轮生；萼片2，对生，绿色，盔形，左右压扁，长约4毫米，顶端急尖，背部具龙骨状凸起，基部合生；花瓣5，稀4，黄色，倒卵形，长3~5毫米，顶端微凹，基部合生；雄蕊通常8，或更多，长约12毫米，花药黄色；子房无毛，花柱比雄蕊稍长，柱头4~6裂，线形。

蒴果卵球形，长约5毫米，盖裂；种子细小，多数偏斜球形，黑褐色，有光泽，直径不及1毫米，具小疣状凸起。花期5—8月，果期6—9月。

八、铁苋菜

铁苋菜，大戟科、铁苋菜属一年生草本，高0.2~0.5米，小枝细长，被贴毛柔毛，毛逐渐稀疏。

叶膜质，长卵形、近菱状卵形或阔披针形，长3~9厘米，宽1~5厘米，顶端短渐尖，基部楔形，稀圆钝，边缘具圆锯，上面无毛，下面沿中脉具柔毛；基出脉3条，侧脉3对；叶柄长2~6厘米，具短柔毛；托叶披针形，长1.5~2毫米，具短柔毛。

雌雄花同序，花序腋生，稀顶生，长 1.5～5 厘米，花序梗长 0.5～3 厘米，花序轴具短毛，雌花苞片 1～2（～4）枚，卵状心形，花后增大，长 1.4～2.5 厘米，宽 1～2 厘米，边缘具三角形齿，外面沿掌状脉具疏柔毛，苞腋具雌花 1～3 朵；花梗无；雄花生于花序上部，排列呈穗状或头状，雄花苞片卵形，长约 0.5 毫米，苞腋具雄花 5～7 朵，簇生；花梗长 0.5 毫米；雄花：花蕾时近球形，无毛，花萼裂片 4 枚，卵形，长约 0.5 毫米；雄蕊 7～8 枚；雌花：萼片 3 枚，长卵形，长 0.5～1 毫米，具疏毛；子房具疏毛，花柱 3 枚，长约 2 毫米，撕裂 5～7 条。

蒴果直径 4 毫米，果皮具疏生毛和毛基变厚的小瘤体；种子近卵状，长 1.5～2 毫米，种皮平滑，假种阜细长；花果期 4—12 月。

九、莎草香附子

香附子别名：草地罩草、草附子、地沟草等。匍匐根状茎长，具椭圆形块茎。秆稍细弱，高 15～95 厘米，锐三棱形，平滑，基部呈块茎状。叶较多，短于秆，宽 2～5 毫米，平张；鞘棕色，常裂成纤维状。叶状苞片 2～5 枚，常长于花序，或有时短于花序；长侧枝聚伞花序简单或复出，具 3～10 个辐射

枝；辐射枝最长达 12 厘米；穗状花序轮廓为陀螺形，稍疏松，具 3～10 个小穗；小穗斜展开，线形，长 1～3 厘米，宽约 1.5 毫米，具 8～28 朵花；小穗轴具较宽的、白色透明的翅；鳞片稍密地复瓦状排列，膜质，卵形或长圆状卵形，长约 3 毫米，顶端急尖或钝，无短尖，中间绿色，两侧紫红色或红棕色，具 5～7 条脉；雄蕊 3，花药长，线形，暗血红色，药隔突出于花药顶端；花柱长，柱头

3，细长，伸出鳞片外。小坚果长圆状倒卵形，三棱形，长为鳞片的1/3～2/5，具细点。花果期5—11月。

十、田旋花

田旋花为多年生草质藤本，近无毛。根状茎横走。茎平卧或缠绕，有棱。叶柄长1～2厘米；叶片戟形或箭形，长2.5～6厘米，宽1～3.5厘米，全缘或3裂，先端近圆或微尖，有小突尖头；中裂片卵状椭圆形、狭三角形、披针状椭圆形或线形；侧裂片开展或呈耳形。

花1～3朵腋生；花梗细弱；苞片线形，与萼远离；萼片倒卵状圆形，无毛或被疏毛；缘膜质；花冠漏斗形，粉红色、白色，长约2厘米，外面有柔毛，褶上无毛，有不明显的5浅裂；雄蕊的花丝基部肿大，有小鳞毛；子房2室，有毛，柱头2，狭长。

蒴果球形或圆锥状，无毛；种子椭圆形，无毛。花期5—8月，果期7—9月。

十一、鸭跖草

鸭跖草为一年生披散草本。茎匍匐生根，多分枝，长可达1米，下部无毛，上部被短毛。叶披针形至卵状披针形，长3～9厘米，宽1.5～2厘米。总苞片佛焰苞状，有1.5～4厘米的柄，与叶对生，折叠状，展开后为心形，顶端短急尖，基部心形，长1.2～2.5厘米，边缘常有硬毛，聚伞花序，下面一枝仅有花1朵，具长

8 毫米的梗，不孕；上面一枝具花 3~4 朵，具短梗，几乎不伸出佛焰苞。花梗长仅 3 毫米，果期弯曲，长不过 6 毫米；萼片膜质，长约 5 毫米，内面 2 枚常靠近或合生，花瓣深蓝色，内面 2 枚具爪，长近 1 厘米。蒴果椭圆形，长 5~7 毫米，2 室，有种子 4 颗。种子长 2~3 毫米，棕黄色，一端平截、腹面平，有不规则窝孔。

常见生于湿地。适应性强，在全光照或半阴环境下都能生长。但不能过阴，否则叶色减褪为浅粉绿色，易徒长。喜温暖、湿润气候，喜弱光，忌阳光暴晒，最适生长温度 20~30℃，夜间温度 10~18℃生长良好，冬季不低于 10℃。对土壤要求不严，耐旱性强，土壤略微有点湿就可以生长。

十二、刺儿菜

刺儿菜是小蓟草的别称，是一种优质野菜。多年生草本，具匍匐根茎。茎有棱，幼茎被白色蛛丝状毛。基生叶和中部茎叶椭圆形、长椭圆形或椭圆状倒披针形，顶端钝或圆形，基部楔形，有时有极短的叶柄，通常无叶柄，长7~15 厘米，宽1.5~10 厘米，上部茎叶渐小，椭圆形或披针形或线状披针形，或全部茎叶不分裂，叶缘有细密的针刺，针刺紧贴叶缘。或叶缘有刺齿，齿顶针刺大小不等，针刺长达 3.5 毫米，或大部茎叶羽

状浅裂或半裂或边缘粗大圆锯齿，裂片或锯齿斜三角形，顶端钝，齿顶及裂片顶端有较长的针刺，齿缘及裂片边缘的针刺较短且贴伏。

全部茎叶两面同色，绿色或下面色淡，两面无毛，极少两面异色，上面绿色，无毛，下面被稀疏或稠密的绒毛而呈现灰色的，亦极少两面同色，灰绿色，两面被薄绒毛。

头状花序单生茎端，或植株含少数或多数头状花序在茎枝顶端排成伞房花序。总苞卵形、长卵形或卵圆形，直径1.5~2厘米。总苞片约6层，覆瓦状排列，向内层渐长，外层与中层宽1.5~2毫米，包括顶端针刺长5~8毫米；内层及最内层长椭圆形至线形，长1.1~2厘米，宽1~1.8毫米；中外层苞片顶端有长不足0.5毫米的短针刺，内层及最内层渐尖，膜质，短针刺。

小花紫红色或白色，雌花花冠长2.4厘米，檐部长6毫米，细管部细丝状，长18毫米，两性花花冠长1.8厘米，檐部长6毫米，细管部细丝状，长1.2毫米。瘦果淡黄色，椭圆形或偏斜椭圆形，压扁，长3毫米，宽1.5毫米，顶端斜截形。冠毛污白色，多层，整体脱落；冠毛刚毛长羽毛状，长3.5厘米，顶端渐细。花果期5—9月。

十三、苣荬菜

苣荬菜为菊科植物，多年生草本，全株有乳汁。茎直立，高

30~80 厘米。地下根状茎匍匐，多数须根着生。主要分布于我国西北、华北、东北等地，系野生于海拔 200~2 300 米的荒山、坡地、海滩、路旁等地。

十四、牛筋草

牛筋草为一年生草本。秆丛生，基部倾斜，高 10~90 厘米。叶鞘两侧压扁而具脊，松弛，无毛或疏生疣毛；叶舌长约 1 毫米；叶片平展，线形，长 10~15 厘米，宽 3~5 毫米，无毛或上面被疣基柔毛。

穗状花序 2~7 个指状着生于秆顶，很少单生，长 3~10 厘米，宽 3~5 毫米；小穗长 4~7 毫米，宽 2~3 毫米，含 3~6 朵小花；颖披针形，具脊，脊粗糙；第一颖长 1.5~2 毫米；第二颖长 2~3 毫米；第一外稃长 3~4 毫米，卵形，膜质，具脊，脊上有狭翼，内稃短于外稃，具 2 脊，脊上具狭翼。

囊果卵形，长约 1.5 毫米，基部下凹，具明显的波状皱纹。鳞被 2，折叠，具 5 脉。花果期 6—10 月。

牛筋草根系发达，吸收土壤水分和养分的能力很强，对土壤要求不高；它的生长需要的光照比较强，适宜温带和热带地区。

十五、茇草

一年生草本。秆细弱无毛，基部倾斜，高 30~45 厘米，分枝多节。叶鞘短于节间，有短硬疣毛；叶舌膜质，边缘具纤毛；叶片

卵状披针形，长 2~4 厘米，宽 8~15 毫米，除下部边缘生纤毛外，余均无毛。总状花序细弱，长 1.5~3 厘米，2~10 个呈指状排列或簇生于秆顶，穗轴节间无毛，长为小穗的 2/3~3/4，小穗孪生，有柄小穗退化成 0.2~1 毫米的柄；无柄小穗长 4~4.5 毫米，卵状披针形，灰绿色或带紫色；第 1 颖边缘带膜质，有 7~9 脉，脉上粗糙，先端钝；第 2 颖近膜质，与第 1 颖等长，舟形，具 3 脉，侧脉不明显，先端尖；第 1 外稃长圆形，先端尖，长约为第 1 颖的 2/3，第 2 外稃与第 1 外稃等长，近基部伸出 1 膝曲的芒，芒长 6~9 毫米，下部扭转；雄蕊 2；花黄色或紫色，长 0.7~1 毫米。颖果长圆形，与稃体几等长。花果期 8—11 月。

十六、看麦娘

看麦娘是禾本科、看麦娘属一年生。秆少数丛生，细瘦，光滑，节处常膝曲，高 15~40 厘米。叶鞘光滑，短于节间；叶舌膜质，长 2~5 毫米；叶片扁平，长 3~10 厘米，宽 2~6 毫米。圆锥花序圆柱状，灰绿色，长 2~7 厘米，宽 3~6 毫米；小穗椭圆形或卵状长圆形，长 2~3 毫米；颖膜质，基部互相连合，具 3 脉，脊上有细纤毛，侧脉下部有短毛；外稃膜质，先端钝，等大或稍长于颖，下部边缘互相连合，芒长 1.5~3.5 毫米，约于稃体下部 1/4 处伸出，隐藏或稍外露；花药橙黄色，长 0.5~0.8 毫米。种子细小而轻，千粒重仅 0.76~0.83 克。颖果长约 1 毫米。花果期 4—8 月。

十七、猪殃殃

　　猪殃殃是茜草科拉拉藤属植物。猪殃殃为多枝、蔓生或攀援状草本。茎四棱，棱上、叶缘及叶下面中脉上均有倒生小刺毛。叶 4~8 片轮生，近无柄，叶片条状倒披针形，长 1~3 厘米，顶端有凸尖头。聚伞花序腋生或顶生，单生或 2~3 个簇生，有黄绿色小花数朵；花瓣 4 枚，有纤细梗；花萼上也有钩毛，花冠辐射状，裂片矩圆形，长不及 1 毫米。果干燥，密被钩毛，每一果室有 1 颗平凸的种子。

猪殃殃在中国江苏、安徽、湖北三省一般在 8 月底或 9 月上旬，气温降至 19℃以下猪殃殃开始出土，10 月中下旬和 11 月气温降至 11~16℃为出土高峰期，部分在翌年 3 月气温上升到 3℃以上出土。秋冬季猪殃殃幼苗生长很慢，一般只有 3~5 层轮叶或分枝，对玉米的影响较小，遇上干冻的冬季有 12%~30% 的猪殃殃冻死。冬后 3 月生长加快，4 月营养生长极快，一个月内轮叶可增加 5~7 轮，株高增加 25~40 厘米，最后株高达 80~90 厘米，有的株高可达 115 厘米，4 月现蕾、开花，5 月种子成熟，全生育期 180~220 天。

十八、鸡眼草

鸡眼草是豆科鸡眼草属一年生草本植物，披散或平卧，多分枝，高 10~45 厘米，茎和枝上被倒生的白色细毛。叶为三出羽状复叶；托叶大，膜质，卵状长圆形，比叶柄长，长 3~4 毫米，具条纹，有缘毛；叶柄极短；小叶纸质，倒卵形、长倒卵形或长圆形，较小，长 6~22 毫米，宽 3~8 毫米，先端圆形，稀微缺，基部近圆形或宽楔形，全缘；两面沿中脉及边缘有白色粗毛，但上面毛较稀少，侧脉多而密。花小，单生或 2~3 朵簇生于叶腋；花梗下端具 2 枚大小不等的苞片，萼基部具 4 枚小苞片，其中 1 枚极小，位于花梗关节处，小苞片常具 5~7 条纵脉；花萼钟状，带紫色，5 裂，裂片宽卵形，具网状脉，外面及边缘具白毛；花冠粉红色或紫

色，长 5~6 毫米，较萼约长 1 倍，旗瓣椭圆形，下部渐狭成瓣柄，具耳，龙骨瓣比旗瓣稍长或近等长，翼瓣比龙骨瓣稍短。荚果圆形或倒卵形，稍侧扁，长 3.5~5 毫米，较萼稍长或长达 1 倍，先端短尖，被小柔毛。花期 7—9 月，果期 8—10 月。

十九、蓬草

蓬草属菊科、白酒草属一年生草本植物，根纺锤状，具纤维状根。茎直立，高 50~100 厘米或更高，圆柱状，多少具棱，有条纹，被疏长硬毛，上部多分枝。叶密集，基部叶花期常枯萎，下部叶倒披针形，长 6~10 厘米，宽 1~1.5 厘米，顶端尖或渐尖，基部渐狭成柄，边缘具疏锯齿或全缘，中部和上部叶较小，线状披针形或线形，近无柄或无柄，全缘或少有具 1~2 个齿，两面或仅上面被疏短毛，边缘常被上弯的硬缘毛。

头状花序多数，小，径 3~4 毫米，排列成顶生多分枝的大圆锥花序；花序梗细，长 5~10 毫米，总苞近圆柱状，长 2.5~4 毫米；总苞片 2~3 层，淡绿色，线状披针形或线形，顶端渐尖，外层约短于内层之半背面被疏毛，内层长 3~3.5 毫米，宽约 0.3 毫米，边缘干膜质，无毛；花托平，径 2~2.5 毫米，具不明显的突起；雌花多数，舌状，白色，长 2.5~3.5 毫米，舌片小，稍超出花盘，线形，顶端具 2 个钝小齿；两性花淡黄色，花冠管状，长

2.5~3 毫米，上端具 4 或 5 个齿裂，管部上部被疏微毛；瘦果线状披针形，长 1.2~1.5 毫米稍扁压，被贴微毛；冠毛污白色，1 层，糙毛状，长 2.5~3 毫米。花期 5—9 月。

二十、荆三棱

荆三棱为莎草科植物，分布于东北、华北、华东、西南及陕西、甘肃、青海、新疆、河南、湖北等地。

荆三棱，又名三棱草（通称），野荸荠、湖三棱（江苏），灯心草、马胡须（浙江），三楞果、铁荸荠、老母拐子（安徽）。多年生草本，高 70~120 厘米。匍匐根茎粗而长，顶端生球状块茎。秆高大，粗壮，锐三棱形。叶秆生；叶片线形，长 20~40 厘米，宽 5~10 毫米，稍坚挺，叶鞘长达 20 厘米。叶状苞片 3~5，长于花序；聚伞花序不分枝；小穗卵状长圆形，锈褐色，长 10~18 毫米，宽 5~8 毫米，密生多数花；鳞片长圆形，长约 8 毫米，有 1 脉，背面上部有短柔毛，先端略有撕裂状缺刻，有长 2~3 毫米的芒；下位刚毛 6，几与小坚果等长，有倒刺；雄蕊 3，花药线形，长约 4 毫米；花柱细长，柱头 3，少为 2。小坚果三棱状倒卵形，长约 3 毫米，熟时黄白色或黄褐色，表面有细网纹。花果期 5—7 月。

二十一、卷耳

卷耳是石竹科卷耳属多年生疏丛草本，多年生疏丛草本，高
10~35 厘米。茎基部匍匐，上部直立，绿色并带淡紫红色，下部
被下向的毛，上部混生腺毛。叶片线状披针形或长圆状披针形，长
1~2.5 厘米，宽 1.5~4 毫米，顶端急尖，基部楔形，抱茎，被疏
长柔毛，叶腋具不育短枝。

聚伞花序顶生，具 3~7 花；苞片披针形，草质，被柔毛，边
缘膜质；花梗细，长 1~1.5 厘米，密被白色腺柔毛；萼片 5，披针
形，长约 6 毫米，宽 1.5~2 毫米，顶端钝尖，边缘膜质，外面密
被长柔毛；花瓣 5，白色，倒卵形，比萼片长 1 倍或更长，顶端 2
裂深达 1/4~1/3；雄蕊 10，短于花瓣；花柱 5，线形。

蒴果长圆形，长于宿存萼 1/3，顶端倾斜，10 齿裂；种子肾
形，褐色，略扁，具瘤状突起。花期 5—8 月，果期 7—9 月。

二十二、毛茛

多年生草本。茎直立，高 30~70 厘米，中空，有槽，具分枝，
生开展或贴伏的柔毛。基生叶多数；叶片圆心形或五角形，长及宽

为 3~10 厘米，基部心形或截形，通常 3 深裂不达基部，中裂片倒卵状楔形或宽卵圆形或菱形，3 浅裂，边缘有粗齿或缺刻，侧裂片不等地 2 裂，两面贴生柔毛，下面或幼时的毛较密；叶柄长达 15 厘米，生开展柔毛。下部叶与基生叶相似，渐向上叶柄变短，叶片较小，3 深裂，裂片披针形，有尖齿牙或再分裂；最上部叶线形，全缘，无柄。

聚伞花序有多数花，疏散；花直径 1.5~2.2 厘米；花梗长达 8 厘米，贴生柔毛；萼片椭圆形，长 4~6 毫米，生白柔毛；花瓣 5，倒卵状圆形，长 6~11 毫米，宽 4~8 毫米，基部有长约 0.5 毫米的爪，蜜槽鳞片长 1~2 毫米；花药长约 1.5 毫米；花托短小，无毛。聚合果近球形，直径 6~8 毫米；瘦果扁平，长 2~2.5 毫米，上部最宽处与长近相等，约为厚的 5 倍以上，边缘有宽约 0.2 毫米的棱，无毛，喙短直或外弯，长约 0.5 毫米。花果期 4—9 月。

二十三、通泉草

一年生草本，高 3~30 厘米，无毛或疏生短柔毛。主根伸长，垂直向下或短缩，须根纤细，多数，散生或簇生。

本种在体态上变化幅度很大，茎 1~5 支或有时更多，直立、上升或倾卧状上升，着地部分节上常能长出不定根，分枝多而披

散，少不分枝。基生叶少到多数，有时呈莲座状或早落，倒卵状匙形至卵状倒披针形，膜质至薄纸质，长 2~6 厘米，顶端全缘或有不明显的疏齿，基部楔形，下延成带翅的叶柄，边缘具不规则的粗齿或基部有 1~2 片浅羽裂；茎生叶对生或互生，少数，与基生叶相似或几乎等大。

总状花序生于茎、枝顶端，常在近基部即生花，伸长或上部呈束状，通常 3~20 朵，花疏稀；花梗在果期长达 10 毫米，上部的较短；花萼钟状，花期长约 6 毫米，果期多少增大，萼片与萼筒近等长，卵形，端急尖，脉不明显；花冠白色、紫色或蓝色，长约 10 毫米，上唇裂片卵状三角形，下唇中裂片较小，稍突出，倒卵圆形；子房无毛。蒴果球形；种子小而多数，黄色，种皮上有不规则的网纹。花果期 4—10 月。

二十四、蒲公英

蒲公英属菊科，多年生草本。叶呈倒卵状披针形、倒披针形或长圆状披针形，长 4~20 厘米，宽 1~5 厘米，先端钝或急尖，边缘有时具波状齿或羽状深裂，有时倒向羽状深裂或大头羽状深裂，顶端裂片较大，三角形或三角状戟形，全缘或具齿，每侧裂片 3~5片，裂片三角形或三角状披针形，通常具齿，平展或倒向，裂片间常夹生小齿，基部渐狭成叶柄，叶柄及主脉常带红紫色，疏被蛛丝状白色柔毛或几无毛。

花葶 1 至数个，与叶
等长或稍长，高 10～25 厘
米，上部紫红色，密被蛛
丝状白色长柔毛；头状花
序直径 30～40 毫米；总苞
钟状，长 12～14 毫米，淡
绿色；总苞片 2～3 层，外
层总苞片卵状披针形或披
针形，长 8～10 毫米，宽
1～2 毫米，边缘宽膜质，

基部淡绿色，上部紫红色，先端增厚或具小到中等的角状突起；内
层总苞片线状披针形，长 10～16 毫米，宽 2～3 毫米，先端紫红色，
具小角状突起；舌状花黄色，舌片长约 8 毫米，宽约 1.5 毫米，边
缘花舌片背面具紫红色条纹，花药和柱头暗绿色。瘦果倒卵状披针
形，暗褐色，长 4～5 毫米，宽 1～1.5 毫米，上部具小刺，下部具
成行排列的小瘤，顶端逐渐收缩为长约 1 毫米的圆锥至圆柱形喙
基，喙长 6～10 毫米，纤细；冠毛白色，长约 6 毫米。花期 4—9
月，果期 5—10 月。

二十五、葎草

葎草为一年生或多年生缠绕草本，茎、枝、叶柄均具倒钩刺。
叶纸质，肾状五角形，掌状 5～7 深裂，稀为 3 裂，长宽 7～10 厘
米，基部心脏形，表面粗糙，疏生糙伏毛，背面有柔毛和黄色腺
体，裂片卵状三角形，边缘具锯齿；叶柄长 5～10 厘米。雄花小，
黄绿色。

圆锥花序，长 15～25 厘米；雌花序球果状，径约 5 毫米，苞
片纸质，三角形，顶端渐尖，具白色绒毛；子房为苞片包围，柱头
伸出苞片外。

瘦果成熟时露出苞片外。花期春夏，果期秋季。

葎草适应能力非常强，适生幅度特别宽，年均气温 5.7~22℃，年降水 350~1 400毫米，土壤 pH 值在 4.0~8.5 的环境均能生长。葎草喜欢生长于肥土上，但贫瘠之处也能生长，只是肥沃土地上生长更加旺盛。葎草的雌雄株花期不一致，雄株 7 月下旬开花，而雌株在 8 月中旬开花，开花后生长缓慢；9 月下旬种子成熟，葎草生长也停止。

二十六、三叶鬼针草

鬼针草又名三叶鬼针草、虾钳草、蟹钳草、对叉草、粘人草、粘连子、一包针、引线包、豆渣草、豆渣菜、盲肠草。一年生草本，茎直立，高 30~100 厘米，钝四棱形，无毛或上部被极稀疏的柔毛，基部直径可达 6 毫米。茎下部叶较小，3 裂或不分裂，通常在开花前枯萎，中部叶具长 1.5~5 厘米无翅的柄，三出，小叶 3 枚，很少为具 5~7 小叶的羽状复叶，两侧小叶椭圆形或卵状椭圆形，长 2~4.5 厘米，宽 1.5~2.5 厘米，先端锐尖，基部近圆形或阔楔形，有时偏斜，不对称，具短柄，边缘有锯齿，顶生小叶较大，长椭圆形或卵状长圆形，长 3.5~7 厘米，先端渐尖，基部渐

狭或近圆形，具长 1~2 厘米的柄，边缘有锯齿，无毛或被极稀疏的短柔毛，上部叶小，3 裂或不分裂，条状披针形。头状花序直径 8~9 毫米，有长 1~6（果时长 3~10）厘米的花序梗。无舌状花，盘花筒状，长约 4.5 毫米，冠檐 5 齿裂。瘦果黑色，条形，略扁，具棱，长 7~13 毫米，宽约 1 毫米，上部具稀疏瘤状突起及刚毛，顶端芒刺 3~4 枚，长 1.5~2.5 毫米，具倒刺毛。

二十七、碎米莎草

碎米莎草为单子叶植物纲莎草科莎草属一年生草本，无根状茎，具须根。秆丛生，细弱或稍粗壮，高 8~85 厘米，扁三棱形，基部具少数叶，叶短于秆，宽 2~5 毫米，平张或折合，叶鞘红棕色或棕紫色。

叶状苞片 3~5 枚，下面的 2~3 枚常较花序长；长侧枝聚伞花序复出，很少为简单的，具 4~9 个辐射枝，辐射枝最长达 12 厘米，每个辐射枝具 5~10 个穗状花序，或有时更多些；穗状花序卵形或长圆状卵形，长 1~4 厘米，具 5~22 个小穗；小穗排列松散，斜展开，长圆形、披针形或线状披针形，压扁，长 4~10 毫米，宽约 2 毫米，具 6~22 花；小穗轴上近于无翅；鳞片排列疏松，膜质，宽倒卵形，顶端微缺，具极短的短尖，不突出于鳞片的顶端，背面具龙骨状突起，褐色，有 3~5 条脉，两侧呈黄色或麦秆黄色，

上端具白色透明的边；雄蕊 3，花丝着生在环形的胼胝体上，花药短、椭圆形，药隔不突出于花药顶端；花柱短，柱头 3。小坚果倒卵形或椭圆形、三棱形，与鳞片等长，褐色，具密的微突起细点。花果期 6—10 月。

二十八、艾蒿

艾蒿是菊科蒿属植物，多年生草本或略呈半灌木状，植株有浓烈香气。主根明显，略粗长，直径达 1.5 厘米，侧根多。茎单生或少数，高 80~150（~250）厘米。叶厚纸质，上面被灰白色短柔毛，并有白色腺点与小凹点。头状花序椭圆形，直径 2.5~3（~3.5）毫米，无梗或近无梗。瘦果长卵形或长圆形。花果期 7—10 月。

二十九、白茅

白茅是禾本科白茅属多年生草本植物,秆直立,高可达80厘米,节无毛。叶鞘聚集于秆基,叶舌膜质,秆生叶片窄线形,通常内卷,顶端渐尖呈刺状,下部渐窄,质硬,基部上面具柔毛。圆锥花序稠密,第一外稃卵状披针形,第二外稃与其内稃近相等,卵圆形,顶端具齿裂及纤毛;花柱细长,紫黑色,颖果椭圆形,花果期4—6月。

三十、苘麻

苘麻是锦葵科一年生亚灌木状草本,高达1~2米,茎枝被柔毛。叶互生,圆心形,长5~10厘米,先端长渐尖,基部心形,边缘具细圆锯齿,两面均密被星状柔毛;叶柄长3~12厘米,被星状细柔毛;托叶早落。

花单生于叶腋,花梗长1~13厘米,被柔毛,近顶端具节;花萼杯状,密被短绒毛,裂片5,卵形,长约6毫米;花黄色,花瓣倒卵形,长约1厘米;雄蕊柱平滑无毛,心皮15~20,长1~1.5厘米,顶端平截,具扩展、被毛的长芒2,排列成轮状,密被软毛。

蒴果半球形,直径约2厘米,长约1.2厘米,分果爿15~20,被

粗毛，顶端具长芒 2；种子肾形，褐色，被星状柔毛。花期 7—8 月。

三十一、龙葵

龙葵是茄科、茄属一年生草本植物，龙葵是一年生直立草本植物，高 0.25~1 米，茎无棱或棱不明显，绿色或紫色，近无毛或被微柔毛。

叶卵形，长 2.5~10 厘米，宽 1.5~5.5 厘米，先端短尖，基部楔形至阔楔形而下延至叶柄，全缘或每边具不规则的波状粗齿，光滑或两面被稀疏短柔毛，叶脉每边 5~6 条，叶柄长 1~2 厘米。

蝎尾状花序腋外生，总花梗长 1~2.5 厘米，花梗长约 5 毫米，近无毛或具短柔毛；萼小，浅杯状，直径 1.5~2 毫米，齿卵圆形，先端圆；花冠白色，筒部隐于萼内，长不及 1 毫米，冠檐长约 2.5 毫米，5 深裂，裂片卵圆形，长约 2 毫米；花丝短，花药黄色，长约 1.2 毫米，约为花丝长度的 4 倍，顶孔向内；子房卵形，直径约 0.5 毫米，花柱长约 1.5 毫米，中部以下被白色绒毛，柱头小，头状。浆果球形，直径约 8 毫米，熟时黑色。种子多数，近卵形，直径 1.5~2 毫米，两侧压扁。

三十二、野燕麦

野燕麦是禾本科、燕麦属一年生草本植物。秆直立，光滑无毛，高 60~120 厘米，具 2~4 节。

叶鞘松弛，光滑或基部者被微毛；叶舌透明膜质，长 1~5 毫米；叶片扁平，长 10~30 厘米，宽 4~12 毫米，微粗糙，或上面和边缘疏生柔毛。

圆锥花序开展，金字塔形，长 10~25 厘米，分枝具棱角，粗糙；小穗长 18~25 毫米，含 2~3 小花，其柄弯曲下垂，顶端膨胀；小穗轴密生淡棕色或白色硬毛，其节脆硬易断落，第一节间长约 3 毫米；颖草质，几相等，通常具 9 脉；外稃质地坚硬，第一外稃长 15~20 毫米，背面中部以下具淡棕色或白色硬毛，芒自稃体中部稍下处伸出，长 2~4 厘米，膝曲，芒柱棕色，扭转。

颖果被淡棕色柔毛，腹面具纵沟，长 6~8 毫米。花果期 4—

9 月。

三十三、赖草

赖草是多年生草本，具下伸和横
走的根茎。秆单生或丛生，直立，高
40~100 厘米，具 3~5 节，光滑无毛
或在花序下密被柔毛。叶鞘光滑无毛，
或在幼嫩时边缘具纤毛；叶舌膜质，
截平，长 1~1.5 毫米；叶片长 8~30
厘米，宽 4~7 毫米，扁平或内卷，上
面及边缘粗糙或具短柔毛，下面平滑
或微粗糙。穗状花序直立，长 10~15
(24) 厘米，宽 10~17 毫米，灰绿色；

穗轴被短柔毛，节与边缘被长柔毛，节间长 3~7 毫米，基部者长
达 20 毫米；小穗通常2~3 稀 1 或 4 枚生于每节，长 10~20 毫米，
含 4~7（10）个小花；小穗轴节间长 1~1.5 毫米，贴生短毛；颖
短于小穗，线状披针形，先端狭窄如芒，不覆盖第一外稃的基部，
具不明显的 3 脉，上半部粗糙，边缘具纤毛，第一颖短于第二颖，
长 8~15 毫米；外稃披针形，边缘膜质，先端渐尖或具长 1~3 毫米
的芒，背具 5 脉，被短柔毛或上半部无毛，基盘具长约 1 毫米的柔
毛，第一外稃长 8~14 毫米；内稃与外稃等长，先端常微 2 裂，脊
的上半部具纤毛；花药长3.5~4 毫米。花果期 6—10 月。

三十四、泥胡菜

泥胡菜为菊科植物泥胡菜的全草或根。二年生草本，高 30~80
厘米。根圆锥形，肉质。茎直立，具纵沟纹，无毛或具白色蛛丝状
毛。基生叶莲座状，具柄，倒披针形或倒披针状椭圆形，长 7~21
厘米，提琴状羽状分裂，顶裂片三角形，较大，有时 3 裂，侧裂片
7~8 对，长椭圆状披针形，下面被白色蛛丝状毛；中部叶椭圆形，

无柄，羽状分裂；上部叶条状披针形至条形。头状花序多数，有长梗；总苞球形，长 12~14 毫米，宽 18~22 毫米；总苞片 5~8 层，外层较短，卵形，中层椭圆形，内层条状披针形，各层总苞片背面先端下具 1 紫红色鸡冠状附片；花紫色。瘦果椭圆形，长约 2.5 毫米，具 15 条纵肋；冠毛白色，2 列，羽毛状。花期 5—6 月。

附录一　本任务取得的主要科研成果

一、科研论文

1. 鲁南地区夏玉米产量对气象因子的响应

吴荣华，庄克章，刘鹏，张春艳．作物杂志，2018（5）：104-109.

2. 鲁南地区玉米产量与主要农艺性状的灰色关联度分析

吴荣华，庄克章，李龙，齐孝峰．作物研究，2019，33（6）：524-527.

3. 21个玉米品种在鲁南地区的适应性评价

张春艳，吴荣华，庄克章，齐孝峰，李新新，李静．作物研究，2020，34（4）：323-327，337.

4. 苗期干旱及复水对玉米生长和生理特性的影响

庄克章，吴荣华，张春艳，张慧，高英波，李宗新，王振南．山东农业科学，2020，52（10）：56-61.

5. 18个玉米杂交种萌发期抗旱性评价

庄克章，胡晓君，吴荣华，张春艳，张慧，高英波，李宗新，李际会．种子，2020，39（3）：68-71，80.

6. 保水剂、生根粉对夏玉米生育特性及产量的影响

吴荣华，张春艳，庄克章，李龙，董西辰．陕西农业科学，2021，67（2）：58-61.

二、获得计算机软件著作权登记和专利授权

1. 计算机软件著作权

软件著作权	登记号
农作物生长检测系统 v1.0	2020SR0216847
农作物水肥调控系统 v1.0	2020SR0217935
农作物土壤检测系统 v1.0	2020SR0215891
试验地气候检测系统 v1.0	2020SR0215794
玉米栽培环境湿度实时监测分析管理系统	2020SR1206696
基于互联网的玉米栽培环境远程监控管理系统	2020SR1207991

2. 实用新型专利

专利名称	登记号
一种农作物秸秆粉碎装置	ZL201821902362.X
一种玉米幼苗发育鉴定辅助装置	ZL201921030555.5
一种玉米株高及穗位测量装置	ZL201920147619.3
倒伏玉米秸秆扶正装置	ZL201920171046.8
可调间距式玉米收获机收割台装置	ZL201920171397.9

三、发布的栽培技术规程和地方标准

山东省栽培技术规程：玉米田杂草绿色防控技术规程
（SBNYGC-2-1057—2018）

编制人：刘树堂　庄克章　姜德锋　姜雯　韩伟

所在单位：青岛农业大学、山东省农业技术推广总站、临沂市农业科学院

1. 防治原则

按照"预防为主，综合防治"的原则，合理使用化学防治，农药的使用符合 GB 4285 的要求，田间防治作业要符合 GB/T

17997 的规定，农药兑水作业要符合 GB 5084 的规定。

2. 防治技术

（1）苗前除草。推荐用 42% 甲·乙·莠或 42% 异丙草·莠，每亩用量 250～350 毫升，兑水 35～45 升即可，施药适期掌握在播种后出苗前，具体用药量比登记用量可稍微多 20%，原因就是克服土壤干旱、杂草抗性等不利于除草剂发挥药效的因素，土壤干燥、高麦茬、厚麦糠，建议多喷水，保证土壤充分接触除草剂，如果土壤湿度较大，兑水 30 升即可。

（2）苗后除草

①建议用 22% 烟嘧·莠去津油悬剂，每亩用量 120～150 毫升，兑水 30 升即可，在玉米 3～5 叶期可全田喷雾，5 叶期以后定向喷（药不打到玉米心里）即可。玉米 6～8 叶期施用除草剂，如果机械喷雾，建议使用 22% 烟嘧·莠去津油悬剂，用量 180～220 毫升，兑水 35～45 升，这个时候不建议用硝磺草酮，因为有些比较大的杂草，防除效果较差。如果田间莠二点委夜蛾、稻飞虱等害虫，烟嘧磺隆可以与菊酯类、甲维盐、吡虫啉、吡蚜酮等杀虫剂混用，但不能与有机磷类杀虫剂如毒死蜱等混用，以免产生药害。

②玉米 3～5 叶期，单子叶杂草 3～5 叶期，阔叶杂草 2～4 叶期，茎叶均匀喷雾。每亩可分别选用 4% 烟嘧磺隆悬浮剂 70～90 毫升，或用 10% 硝磺草酮悬浮剂 80～100 毫升，或用 52% 烟嘧·莠去津悬浮剂 75～140 毫升，或用 40% 磺草·莠去津悬浮剂 200～250 毫升，或用 550 克每升硝磺·莠去津悬浮剂 80～100 毫升兑水 30 千克（背负式电动喷雾器）均匀喷雾，要求步速均匀，防止漏喷和重喷。

③单子叶和阔叶杂草多的地块，每亩可分别选用 38% 莠去津悬浮剂 70 毫升+10% 硝磺草酮 70 毫升+4% 烟嘧磺隆悬浮剂 40 毫升或者 52% 烟嘧·莠去津悬浮剂 100 毫升+10% 硝磺草酮 50 毫升兑水 30 千克（背负式电动喷雾器）均匀喷雾。

④玉米前期未除草或除草效果不好，可在玉米大喇叭口期，杂

草高 7~15 厘米时，每亩选用 30% 草甘膦异丙胺盐水剂 160~350 克，喷头上应加防护罩，玉米行间定向喷雾，避免药液喷施到玉米植株上。

（3）玉米田恶性杂草防治

盐碱地玉米常见的恶性杂草有香附子、芦苇、刺儿菜和田旋花等，这些杂草都是多年生杂草，用烟嘧磺隆或硝磺草酮能杀死杂草的地上部分，或者抑制其生长，不能有效防治，建议使用下列方法：防治田旋花，每亩可以将 22% 烟·莠与 28.8% 氯氟吡氧乙酸异辛脂乳油 30 毫升，即能达到很好的防治效果，但不能随意扩大氯氟吡氧乙酸的用量，否则容易产生药害。芦苇和刺儿菜都集中在 3 月下旬至 4 月上旬出土，小麦收割之后虽能剪断地上部分，但等玉米出土之后，地上部分已经很大，烟嘧磺隆和硝磺草酮都对它没有效果，可以用涂抹的办法，将 41% 草甘膦水剂兑成 50~100 倍液，杀死杂草。

（4）除草剂的药害解除

不加安全剂的烟嘧磺隆，纯药亩用量 3~4 克是相对安全的，但施药不均或亩用量超过了 4 克，玉米容易产生药害。玉米发生烟嘧磺隆药害，心叶发黄，严重的卷曲抽不出来，后期会出现分蘖。可以喷施芸苔素内酯或碧护来解药害。硝磺草酮用量过大，心叶发白，一般一周后自动恢复，特别严重的会出现死苗现象，解药害方法同上。

临沂市地方标准：夏玉米抗高温栽培技术规程
（DB3713/T 182—2020）

1 范围

本标准规定了夏玉米抗高温栽培的土壤条件、品种选择、整地、种子处理、种植密度、播种、田间管理、收获等生产技术要求。本标准适用于临沂市夏玉米抗高温栽培。

2 规范性引用文件

下列文件对于本文件的应用是必不可少的。凡是注日期的引用文件，仅注日期的版本适用于本文件。凡是不注日期的引用文件，其最新版本（包括所有的修改单）适用于本文件。

GB 4404.1—2008　粮食作物种子　第1部分：禾谷类

GB/T 8321（所有部分）农药合理使用准则

GB/T 15671　农作物薄膜包衣种子技术条件

GB/T 17980.42　农药　田间药效试验准则（一）　除草剂防治玉米地杂草

NY/T 496　肥料合理使用准则　通则

3　术语和定义

下列术语和定义适用于本文件。

3.1　夏玉米抗高温栽培技术

夏玉米抗高温栽培技术是通过品种选择和栽培管理措施降低高温热害对玉米结实的影响而达到玉米高产稳产的技术。

4　土壤条件

土壤肥沃，疏松通气，旱能浇涝能排，土层0~10厘米土壤容重为1.2~1.5克/立方厘米，有机质含量8克/千克以上，速效氮50毫克/千克以上，速效磷12毫克/千克以上，速效钾40毫克/千克以上。

5　品种选择

所选种子应符合GB 4404.1的规定，抗高温、耐密、高产、稳产并通过黄淮海或山东省审定的耐密型品种。目前推荐品种见附录A。

6　整地

麦收后及时整地灭茬，达到均匀一致，地头整齐，地面平整，土壤细碎，不露残茬杂草，结合整地施用3 000~4 500千克/公顷商品有机肥。

7　种子处理

7.1　挑选种子

选用高质量的种子，种子饱满、大小均匀一致，种子纯度大于

98%、净度大于 99%、含水量小于 13%，种子发芽率应在 95% 以上。

7.2 种子包衣或药剂处理

处理方法及条件按 GB/T 15671 的规定进行。

8 种植密度

8.1 合理密植

土壤地力中等以上，大穗型玉米品种，留苗密度 57 000~60 000 株/公顷；耐密中穗型玉米品种，留苗密度 60 000~75 000 株/公顷，耐密品种推荐密度见附录 A。

8.2 种植方式

采用大行距缩株距或者大小行方式播种，大行距时为 70~80 厘米，大小行时大行距 90 厘米，小行距 30 厘米，增加通风透光能力。

9 播种

9.1 适期播种

在 6 月 7 日之前或 6 月 15 日以后播种。

9.2 适墒播种

播种前要求土壤墒情适宜，确保足墒匀墒播种。可借墒或播后及时浇蒙头水，确保苗全苗齐。

9.3 选用机械

选用玉米单粒精播机，一次完成开沟施肥、开种沟、播种、覆土、镇压等项工序。

9.4 种肥同播

种肥施用 45%（15:15:15）复合肥 750 千克/公顷、硫酸锌 22.5 千克/公顷，施用其他肥料按以上氮磷钾养分含量进行折算，播深 3~5 厘米。

10 田间管理

10.1 查苗及补种

及时查苗补种，以确保密度。

10.2 追肥

施肥方法按 NY/T 496 执行。在玉米大喇叭口期追施尿素375~450 千克/公顷作穗肥，在雌穗开花期前后追施尿素 75 千克/公顷作花粒肥。

10.3 喷施氯化钙溶液或甜菜碱溶液

在 12 片展开叶时，使用农用无人机喷施5%氯化钙溶液或 5 毫摩尔/升甜菜碱溶液，每隔 7 天再喷施一次，连续喷施 2~3 次。

10.4 化学调控

在小喇叭口期，对长势过旺的玉米，合理喷施安全高效的植物生长调节剂（如健壮素、烯效唑等），以防止玉米倒伏。长势正常玉米田不使用植物生长调节剂。

10.5 浇水与排涝

抽穗、开花期遇旱及时浇水，遇涝及时排水。

10.6 辅助授粉

散粉期遇高温或连阴雨天气，应进行辅助授粉。

10.7 病虫草害防治

按照"预防为主，综合防治"的原则，综合采用农业防治、生物防治、物理防治和化学防治技术防治病虫草害。应严格按照 GB/T 8321 的规定执行。夏玉米主要病虫草害的防治对象、防治时期及推荐使用药剂见附录 B。

11 适当晚收

完熟期收获，一般在 10 月上旬。标准为苞叶干枯松散、籽粒乳线消失、基部出现黑色层。

（资料性附录）
适宜种植的夏玉米主要品种及推荐留苗密度

见表 A.1。

表 A. 1

推广品种	推荐留苗密度（株/公顷）
京农科 736	67 500~72 000
郑单 958	60 000~67 500
中单 909	67 500~75 000
鲁单 818	67 500~72 000
德单 5 号	67 500~75 000

（资料性附录）

玉米主要病虫草害的防治对象、防治适期及推荐使用药剂

见表 B. 1。

表 B. 1

防治对象	防治时期	农药名称	推荐使用剂量（公顷）
大小斑病	孕穗期	多菌灵 百菌清	50% 多菌灵可湿性粉剂 500 倍液喷雾 50% 百菌清可湿性粉剂 800 倍液喷雾
弯孢菌叶斑病	抽雄期	多菌灵 甲基硫菌灵	50% 多菌灵可湿性粉剂 500 倍液喷雾 70%甲基硫菌灵（甲基托布津）可湿性粉剂 800 倍液喷雾
瘤黑粉病	抽穗期	粉锈宁 西马津除莠剂	15% 粉锈宁可湿性粉剂按种子量 0.5% 拌种 西马津除秀剂 5 250 克加 750 千克喷雾
玉米锈病	孕穗期	代森锌铵 福美霜	50% 代森锌铵水剂 800 倍液喷雾 40% 福美霜 500~800 倍液喷雾
玉米青枯病	灌浆中期	代森锰锌 甲基托布津	65% 代森锰锌 1 000 倍液喷雾 70% 甲基托布津 500 倍液喷雾
地下害虫	播种前包衣	满适金 锐胜	种子包衣标准按 GB/T 15671 规定执行
玉米螟	喇叭口期	物理或生物防治	成虫期采用频振式杀虫灯或高压汞灯诱杀，有条件的地方，可以用松毛虫赤眼蜂

（续表）

防治对象	防治时期	农药名称	推荐使用剂量（公顷）
蚜虫	抽雄期	吡虫啉 抗蚜威	10%吡虫啉可湿性粉剂 300 克兑水 600 千克喷雾 5%抗蚜威可湿性粉剂 150 克兑水 600 千克喷雾
黏虫、蓟马	苗期、穗期	灭幼脲悬浮剂 氯氰菊酯 辛硫磷 敌敌畏	黏虫幼虫用 25%灭幼脲悬浮剂、5%高效氯氰菊酯乳油或 40%辛硫磷乳油等 1 000～1 500 倍液喷雾，成虫盛采用频振式杀虫灯或高压汞灯诱杀；蓟马用 5%吡虫啉乳油 1 500～2 000 倍液喷雾防治。
二点委叶蛾	苗期	辛硫磷	40%辛硫磷乳油 200 倍液和炒熟豆饼混合成毒饵顺垄撒施
马唐、牛筋草、狗尾草、稗草、马齿苋、反枝苋、铁苋、藜等	播后芽前除草	72%都尔乳油	900～1 050 毫升兑水 600 千克喷雾
		33%二甲戊乐灵（施田补、除草通）乳油	1 200～1 500 毫升兑水 600 千克喷雾
		41%异丙甲莠悬浮剂	2 250～3 000 毫升兑水 600 千克喷雾
	苗后除草（玉米三叶期前后）	10%甲基硝磺草酮悬浮剂	2 250～3 000 毫升兑水 600 千克喷雾
		4%烟嘧磺隆悬浮剂	1 500～1 800 毫升兑水 600 千克喷雾

临沂市地方标准：玉米抗旱稳产栽培技术规程

1 范围

本文件规定了玉米抗旱稳产栽培的术语和定义、播前准备、播种、田间管理、收获、秸秆还田等生产技术要求。

本文件适用于临沂市玉米生产。

2 规范性引用文件

下列文件中的内容通过文中的规范性引用而构成本文件必不可少的条款。其中，注日期的引用文件，仅该日期对应的版本适用于本文件。不注日期的引用文件，其最新版本（包括所有的修改单）适用于本文件。

GB 4404.1　粮食作物种子　第1部分：禾谷类

GB/T 8321（所有部分）　农药合理使用准则

GB/T 15671　农作物薄膜包衣种子技术条件

GB/T 17980.42　农药　田间药效试验准则（一）　除草剂防治玉米地杂草

NY/T 496　肥料合理使用准则　通则

NY/T 1355　玉米收获机作业质量

3　术语和定义

下列术语和定义适用于本文件。

3.1　玉米抗旱稳产栽培技术

玉米抗旱稳产栽培技术是通过品种选择、种子处理以及采用抗旱栽培管理措施降低干旱对玉米生长发育和产量影响来达到玉米稳产的技术。

4　播前准备

4.1　品种选择

所选种子应符合 GB 4404.1 的规定，宜选择通过山东省或国家审定的抗旱、耐密、高产品种，推荐品种见附录 A。

4.2　抗旱剂拌种

使用含有黄腐酸盐的抗旱剂进行拌种，抗旱剂和种子的比例（1：40）～（1：60），处理方法按 GB/T 15671 的规定进行。

4.3　麦秸覆盖

麦收后秸秆覆盖厚度宜在5厘米，留茬高度在8厘米，麦秸切碎成5厘米左右小段均匀抛撒。

5　播种

5.1　适期播种

春玉米在4月下旬播种，夏玉米麦收后及时播种，一般不晚于6月20日播种。

5.2 适墒播种

播种前要求土壤墒情适宜，确保足墒匀墒播种。可借墒或播后及时浇水，确保苗全苗齐。

5.3 播种机械

选用气吸式免耕玉米单粒播种机，一次完成开沟施肥、开种沟、播种、覆土、镇压等项工序。

5.4 种肥同播，施足肥料

施肥方法按 NY/T 496 执行。宜选用玉米专用缓控释肥料或稳定性肥料，推荐施肥量600~750千克/公顷。选用普通化肥，可依据以下养分量准备肥料，根据纯氮（N）180~210千克/公顷，磷（P_2O_5）60~90千克/公顷，钾（K_2O）120~150千克/公顷，硫酸锌15~30千克/公顷。将氮肥总量的50%与全部磷、钾、硫酸锌作为基肥施入，种肥分离8~10厘米，防止烧苗。

5.5 播种深度

播深3~5厘米，达到播深适度、一致，覆土均匀，无重播、漏播。

5.6 种植方式

采用大小行距播种，大行距为70~80厘米，小行距为40~50厘米（大小行距之和为120厘米）。

5.7 合理密植

种植密度要与土壤地力条件、品种类型及种植方式相适应。土壤地力差，密度宜稀，土壤地力中上时，密度宜高，大穗型玉米品种，留苗密度52 500~57 000株/公顷；紧凑中穗型玉米品种，一般留苗密度63 000~75 000株/公顷，参照附录A。

6 田间管理

6.1 查苗及补苗

及时查苗补苗，确保密度。

6.2 苗期适当控水

3叶期前蹲苗，适当控水，白天玉米叶片卷曲，晚上不能自然伸展应及时浇水。

6.3　喷施除草剂

在玉米出苗前或定苗后施用除草剂进行除草，除草剂选择按照 GB/T 17980.42，推荐使用药剂见附录 A。

6.4　控制旺长

在小喇叭口期（第 8~10 叶期），合理喷施安全高效的植物生长调节剂（如健壮素、多效唑等），以防止玉米倒伏。

6.5　抗旱浇水

有水源条件的地方应进行抗旱浇水，大喇叭口期 0~20 厘米土壤含水量维持在田间持水量的 60%~70%，开花期 0~40 厘米土壤含水量尽量不低于田间持水量的 75%，灌溉方法尽量采用微喷。

6.6　喷施叶片蒸腾抑制剂

干旱发生时，可采用黄腐酸钾、脱落酸（ABA）等叶片蒸腾抑制剂叶片喷施，配制浓度和用量见附录 B。

6.7　辅助授粉

散粉期遇连续阴雨或干旱，应进行人力或无人机辅助授粉。

6.8　病虫草害防治

按照"预防为主，综合防治"的原则，综合采用农业防治、生物防治、物理防治和化学防治技术防治病虫草害。应严格按照 GB/T 17980.42 和 GB/T 8321 的规定执行。玉米主要病虫草害的防治对象、防治时期及推荐使用药剂见附录 C。

7　收获

完熟期收获，标准为苞叶干枯松散、籽粒乳线消失、基部出现黑色层。

8　秸秆还田

玉米收获后，严禁焚烧秸秆，应及时秸秆还田，还田作业应符合 NY/T 1355 的规定，秸秆粉碎长度不大于 5 厘米，切碎合格率高于 95%，留茬高度不高于 8 厘米。

（资料性附录）

附录 A　适宜种植的抗旱玉米品种及推荐留苗密度

见表 A.1。

推广品种	等行距（60 厘米） 播种时推荐留苗密度 （株/公顷）	大行距（80 厘米） 或大小行播种时推荐 留苗密度 （株/公顷）
京农科 736	63 000~67 500	67 500~75 000
郑单 958	63 000~67 500	67 500~75 000
登海 605	63 000~67 500	67 500~75 000
鲁单 818	63 000~67 500	67 500~75 000
德单 5 号	67 500~72 000	72 000~82 500
先玉 335	63 000~67 500	67 500~75 000

（资料性附录）

附录 B　玉米叶片蒸腾抑制剂配制

见表 B.1。

药剂	溶液浓度	用量 （升/公顷）
黄腐酸钾	1 克/升	300~450
脱落酸	20 毫克/升	200~300

（资料性附录）

附录 C　玉米主要病虫草害的防治对象、防治适期及推荐使用药剂

见表 C.1。

防治对象	防治时期	农药名称	推荐使用剂量（公顷）
大小斑病	孕穗期	多菌灵 百菌清	50% 多菌灵可湿性粉剂 500 倍液喷雾 50%百菌清可湿性粉剂 800 倍液喷雾
弯孢菌叶斑病	抽雄期	多菌灵 甲基硫菌灵	50% 多菌灵可湿性粉剂 500 倍液喷雾 70%甲基硫菌灵（甲基托布津）可湿性粉剂 800 倍液喷雾
瘤黑粉病	抽穗期	粉锈宁 西马津除莠剂	15% 粉锈宁可湿性粉剂按种子量 0.5% 拌种 西马津除秀剂 5 250 克加 750 千克喷雾
玉米锈病	孕穗期	代森锌铵 福美霜	50% 代森锌铵水剂 800 倍液喷雾 40% 福美霜 500~800 倍液喷雾
玉米青枯病	灌浆中期	代森锰锌 甲基托布津	65%代森锰锌 1 000 倍液喷雾 70% 甲基托布津 500 倍液喷雾
地下害虫	播种前包衣	满适金 锐胜	种子包衣标准按 GB/T 15671 规定执行
玉米螟	喇叭口期	物理或生物防治	成虫期采用频振式杀虫灯或高压汞灯诱杀，有条件的地方，可以用松毛虫赤眼蜂
蚜虫	抽雄期	吡虫啉 抗蚜威	10% 吡虫啉可湿性粉剂 300 克兑水 600 千克喷雾 5% 抗蚜威可湿性粉剂 150 克兑水 600 千克喷雾
黏虫、蓟马	苗期、穗期	灭幼脲悬浮剂 氯氰菊酯 辛硫磷	黏虫幼虫用 25% 灭幼脲悬浮剂、5% 高效氯氰菊酯乳油或40%辛硫磷乳油等 1 000~1 500 倍液喷雾，成虫盛采用频振式杀虫灯或高压汞灯诱杀；蓟马用5%吡虫啉乳油 1 500~2 000 倍液喷雾防治
二点委叶蛾	苗期	辛硫磷	40%辛硫磷乳油 200 倍液和炒熟豆饼混合成毒饵顺垄撒施

（续表）

防治对象	防治时期	农药名称	推荐使用剂量（公顷）
马唐、牛筋草、狗尾草、稗草、马齿苋、反枝苋、铁苋、藜等	播后芽前除草	72%都尔乳油	900~1 050 毫升兑水 600 千克喷雾
		33%二甲戊乐灵（施田补、除草通）乳油	1 200~1 500 毫升兑水 600 千克喷雾
		41%异丙甲莠悬浮剂	2 250~3 000 毫升兑水 600 千克喷雾
	苗后除草（玉米三叶期前后）	24%烟嘧·莠去津悬浮剂	1 500~1 800 毫升兑水 600 千克喷雾
		24%烟·硝莠去津悬浮剂	1 500~1 800 毫升兑水 600 千克喷雾

四、本任务培创的高产攻关田和示范田及产量结果

高产攻关田或示范田	面积（亩）	产量结果	主要采用技术
2017 年兰陵县芦柞镇南头村，种植小麦品种为济麦 22	15.0	2017 年 6 月 9 日经专家测产平均亩产为 669.6 千克	宽幅精播、抗逆群体调控、一喷三防等关键技术
2018 年兰陵县芦柞镇南头村，种植小麦品种为济麦 22	15.6	2018 年 6 月 7 日经专家测产平均亩产为 665.98 千克	宽幅精播、抗逆群体调控、一喷三防等关键技术
2018 年兰陵县芦柞镇南头村，种植玉米品种为登海 605	15.0	2018 年 9 月 29 日经专家测产平均亩产为 908.55 千克	抗逆群体调控、分次施肥、适期收获
2019 年罗庄区褚墩嘉盛农场，种植小麦品种为济麦 22	16.3	2019 年 6 月 5 日经专家测产平均亩产为 708.49 千克	宽幅精播、抗逆群体调控、一喷三防等关键技术
2019 年兰陵县向城镇，种植小麦品种为济麦 22	1 268.7	2019 年 6 月 5 日经专家测产平均亩产为 641.34 千克	宽幅精播、二次镇压、一喷三防等关键技术
2020 年郯城县泉源镇泉源头村，种植小麦品种为临麦 9 号	15.7	2020 年 6 月 15 日经专家测产平均亩产为 759.56 千克	宽幅精播、抗逆群体调控、一喷三防等关键技术

（续表）

高产攻关田或示范田	面积（亩）	产量结果	主要采用技术
2020 年兰陵县向城镇前兰庄村，种植小麦品种为临麦 9 号	1 069	2020 年 6 月 3 日经专家测产平均亩产为 671.0 千克	小麦玉米绿色防控、抗逆群体调控、小麦玉米周年双少耕高产栽培等关键技术
2020 年郯城县泉源镇，种植小麦品种为济麦 22	1 365	2020 年 6 月 2 日经专家测产平均亩产为 681.3 千克	小麦玉米绿色防控、抗逆群体调控、小麦玉米周年双少耕高产栽培等关键技术
2020 年兰陵县向城镇前兰庄村，种植玉米品种为立原 296	1 069	2020 年 9 月 27 日经专家测产平均亩产为 756 千克	种肥精准同播、苗带旋耕抗旱保苗壮群体、化控防灾减灾、一防双减、适期收获增粒重等关键技术

五、本任务获得的奖项

1. 临沂市科技进步奖

（1）"玉米抗旱稳产关键栽培技术研究与开发"获得了 2018 年度科技进步二等奖。

（2）"夏玉米抗逆减灾关键技术研究与推广"获得了 2019 年度科技进步二等奖。

（3）"鲁南地区夏玉米抗高温栽培技术研究与推广"获得了 2020 年度科技进步三等奖。

2. 中国商业联合会科技进步奖

（1）"鲁南地区夏玉米抗高温栽培技术研究与推广"获得了 2020 年度中国商业联合会科技进步一等奖。

（2）"夏玉米机械化高产栽培技术研究与开发"获得了 2018 年度中国商业联合会科技进步二等奖。

附录二　团队简介

一、临沂市农业科学院玉米栽培团队

研究团队有研究人员 4 人，正高级农艺师 2 人，副高级农艺师 2 人，承担山东省玉米产业体系创新团队栽培与土肥岗位（编号：SDAIT-01-022-07）第一轮和第二轮工作任务；2015 年参加山东省农业重大应用技术创新项目：青贮玉米高产高效生产技术集成与示范，负责青贮玉米选育及配套栽培技术研究任务；2017 年参加国家国家粮食丰产重点研发计划"黄淮海东部小麦—玉米周年光温水肥资源优化配置均衡丰产增效关键技术研究与模式构建"课题的研究任务。共获得科研成果 20 项，中国商业联合会科技进步一等奖 1 项，二等奖 2 项；山东省农牧渔业丰收奖二等奖 1 项，三等奖 1 项；临沂市科技进步奖一等奖 2 项，二等奖 7 项，三等奖 3 项；山东省农业科学院科技进步奖二等奖 2 项，山东省农业科学院科技成果推广奖二等奖 1 项。

在科技核心农业刊物上发表科研论文 18 篇，其中论文"鲁南地区青贮玉米品种筛选"被评为临沂市第十五届自然科学优秀学术成果一等奖。

参加编写山东省农业厅发布的 3 个地方栽培技术规程："青贮玉米一年两季高产技术规程""青贮玉米密植高产生产技术规程"和"玉米田杂草绿色防控技术规程"；主持编写临沂市地方标准 4 项："青贮玉米轻简化栽培技术规程""玉米抗高温栽培技术规程""双季青贮玉米—越冬菠菜栽培技术规程"和"玉米抗旱稳产栽培技术规程"。

二、山东省农业科学院玉米研究所玉米栽培生理团队

研究团队现有固定研究人员 5 人,博士后 1 人。团队主要研究方向:一是玉米高产生态生理理论与调控、二是玉米营养生理规律与资源高效利用、三是玉米轻简化栽培与抗逆减灾调控。"十二五"以来,承担国家和省部级科研课题 30 余项,先后获科研成果奖 10 多项,出版学术专著 10 部,在国内外期刊发表了研究论文 60 余篇,获得专利与软件著作权 23 项,制订并发布省地方标准 20 余项、山东省农业主推技术 5 项。"十三五"以来团队获得山东省科技进步奖一等奖 1 项、山东省农业科学院科技进步奖 3 项、参与全国农牧渔业丰收奖二等奖 1 项。

参考文献

陈国平，赵仕孝，刘志文，1989. 玉米的涝害及其防御措施研究．玉米在不同生育期对涝害的反应［J］．华北农学报，4（1）：16-22.

陈丽华，2011. 不同播期对玉米郑单 958 和辽单 565 产量及产量性状影响的分析［J］．农业科技通讯（4）：89-90.

陈喜凤，杨粉团，姜晓莉，等，2011. 深松对玉米早衰的调控作用［J］．中国农学通报，27（12）：82-86.

陈煜，杨志民，李志华，2006. 草坪草耐荫性研究进展［J］．中国草地学报，28（3）：71-76.

崔海岩，靳立斌，李波，等，2012. 遮阴对夏玉米茎秆形态结构和倒伏的影响［J］．中国农业科学，45（17）：32，3497-3505.

董朋飞，刘天学，李潮海，等，2014. 持续高温条件下不同肥料配施对玉米品种分蘖的影响研究［J］．现代农业科技（6）：9-10.

杜天庆，郝建平，2000. 特早熟夏播玉米密度与经济产量及产量性状的关系［J］．山西农业大学学报（1）：9-12.

段玉玺，陈立杰，张万民，等，2001. 部分玉米自交系根际线虫群体数量与玉米早衰病相关性研究［J］．沈阳农业大学学报，32（3）：189-191.

范彦，周寿荣，1999. 川西地区三种野生草坪地被植物耐阴性的研究［J］．中国草地（5）：48-52.

冯晔，张建华，包额尔敦嘎，等，2008. 高温、干旱对玉米的影响及相应的预防措施［J］．内蒙古农业科技（6）：

38-39.

关义新，林葆，2000. 光、氮及其互作对玉米幼苗叶片光合和碳、氮代谢的影响 [J]. 作物学报，26（6）：806-812.

郝忠友，谭树义，1998. 不同光照强度和光质对玉米雄花育性的影响 [J]. 中国农学通报，14（4）：6-8.

何萍，金继运，林葆，等，1998. 氮肥用量对春玉米叶片衰老的影响及其机理研究 [J]. 中国农业科学，31（3）：66-71.

黄跃辉，2002. 玉米早衰的原因及防治措施 [J]. 吉林农业（8）：140.

姜丹，陈雅君，刘丹，等，2005. 光氮互作对草地早熟禾碳氮代谢的影响 [J]. 中国草地（6）：49-53.

降志兵，陶洪斌，吴拓，等，2016. 高温对玉米花粉活力的影响 [J]. 中国农业大学学报，21（3）：25-29.

金之庆，葛道阔，郑喜莲，等，1996. 评价全球气候变化对我国玉米生产的可能影响 [J]. 作物学报，22（5）：513-524.

景立权，赵福成，徐仁超，等，2014. 施氮水平对夏玉米籽粒及植株形态学特征的影响 [J]. 植物营养与肥料学报，20（1）：37-47.

李潮海，栾丽敏，郝四平，等，2004. 玉米光胁迫研究进展 [J]. 河南农业大学学报，38（1）：9-12.

李潮海，栾丽敏，王群，等，2005. 苗期遮光及光照转换对不同基因型玉米光合效率的影响 [J]. 作物学报，31（3）：381-385.

李潮海，栾丽敏，尹飞，等，2005. 弱光胁迫对不同基因型玉米生长发育和产量的影响 [J]. 生态学报（4）：824-830.

李潮海，赵霞，王群，等，2007. 土壤质地对玉米生育后期叶片衰老的影响 [J]. 玉米科学，15（1）：73-75.

李潮海，赵亚丽，王群，等，2005. 遮光对不同基因型玉米叶片衰老和产量的影响 [J]. 玉米科学，13（4）：70-73.

李连，徐源连，郭丕伦，1993. 土壤通透性与夏玉米高产关系的研究［J］. 玉米科学，1（1）：57-60.

李绍长，胡昌浩，龚江，等，2004. 供磷水平对不同磷效率玉米氮、钾素吸收和分配的影响［J］. 植物营养与肥料学报，10（3）：237-240.

李双顺，孙谷畴，1986. 生长后期的玉米植株不同叶位叶片中磷酸烯醇式丙酮酸羧化酶和苹果酸脱氢酶活性的变化［J］. 中国科学院华南植物研究所集刊（3）：91-95.

李馨园，杨晔，张丽芳，等，2017. 外源 ABA 对低温胁迫下玉米幼苗内源激素含量及 Asr1 基因表达的调节［J］. 作物学报，43（1）：141-148.

李秧秧，范德纯，1993. 缺钾对玉米生长发育和光合作用的影响［J］. 陕西农业科学（3）：26-30.

李忠芳，徐明岗，张会民，等，2009. 长期不同施肥模式对我国玉米产量可持续性的影响［J］. 玉米科学，17（6）：82-87.

梁宗锁，康绍忠，石培泽，等，2000. 隔沟交替灌溉对玉米根系分布和产量的影响及其节水效益［J］. 中国农业科学，33（2）：26-32.

刘开昌，董树亭，赵海军，等，2009. 我国玉米自交系叶片保绿性及其与产量的关系［J］. 作物学报，35（9）：1662-1671.

刘开昌，李爱芹，2004. 施硫对高油、高淀粉玉米品质的影响及生理生化特性［J］. 玉米科学，12（专刊）：111-113.

刘可杰，许秀德，董怀玉，等，2014. 辽宁省玉米茎基腐致病菌种群及其与早衰的关系研究［J］. 辽宁农业科学（2）：32-34.

刘天学，王秀萍，付景，等，2011. 浚单系列玉米品种对弱光胁迫的响应［J］. 玉米科学，19（1）74-77，82.

刘贤德，马为民，沈云钢，2006. 植物光合机构的状态转换［J］. 植物生理与分子生物学学报（2）：32，127-132.

刘艳，安景文，华利民，等，2011. 氮肥不同施用时期对春玉米早衰的影响 ［J］. 土壤通报 （4）：902-905.

刘志新，2009. 不同耐密性玉米的密植效应及耐密性遗传规律研究 ［D］. 沈阳农业大学博士学位论文.

卢霖，董志强，董学瑞，等，2015. 乙矮合剂对不同密度夏玉米花粒期叶片氮素同化与早衰的影响 ［J］. 作物学报，41（12）：1870-1879.

芦站根，赵昌琼，周史杰，等，2003. 光强对曼地亚红豆杉膜代谢及保护系统的影响 ［J］. 重庆大学学报 （26）：89-92.

吕凯，2014. 高温灾害对皖北地区玉米的影响及防御对策 ［J］. 农业灾害学杂志，4（10）：78-81.

吕丽华，陶洪斌，夏来坤，等，2008. 不同种植密度下的夏玉米冠层结构及光合特性 ［J］. 作物学报，34（3）：447-455.

吕阳芹，2014. 玉米缩距增株生产关键技术探讨 ［J］. 现代农业科技 （4）：59，62.

罗瑶年，张建华，1994. 种植密度对玉米叶片衰老的影响 ［J］. 玉米科学，2（4）：23-25.

马超，黄晓书，李鹏坤，等，2010. 种植密度对夏玉米果穗叶生理功能衰退的影响 ［J］. 玉米科学，18（2）：50-53.

孟婧，朱祥春，史芝文，等，2007. $CaCl_2$ 浸种对玉米幼苗双胁迫抗性的研究 ［J］. 东北农业大学学报，38（2）：149-152.

米国华，邢建平，陈范骏，等，2004. 玉米苗期根系生长与耐低磷的关系 ［J］. 植物营养与肥料学报，10（5）：468-472.

聂居超，李凤海，史振声，等，2010. 播期对不同玉米品种产量的影响 ［J］. 杂粮作物，30（4）：275-278.

牛丽，潘利文，王艳坡，等，2019. 不同基因型玉米根系对弱光胁迫的生理响应 ［J］. 玉米科学，27（2）：69-76.

彭正萍，孙旭霞，刘会玲，等，2009. 缺磷对不同基因型玉米苗期生长及氮磷钾吸收的影响 ［J］. 河北农业大学学报，32

（6）：8-13.

乔江芳，刘京宝，朱卫红，等，2015. 黄淮海区域主栽玉米品种耐阴性差异研究［J］. 河南农业科学，44（11）：16-20.

僧珊珊，王群，李朝海，等，2012. 淹水胁迫下不同玉米品种根结构及呼吸代谢差异［J］. 中国农业科学，45（20）：4141-4148.

申丽霞，魏亚萍，王璞，等，2006. 施氮对夏玉米顶部籽粒早起发育及产量的影响［J］. 作物学报，32（11）：1749-1751.

史振声，李凤海，王志斌，等，2009. 辽宁地区影响玉米早衰的栽培因子研究［J］. 玉米科学，17（1）：113-116.

宋航，杨艳，周卫霞，等，2017. 光、氮及其互作对玉米光合特性与物质生产的影响［J］. 玉米科学，25（1）：121-126.

苏义臣，苏桂华，郑燕，等，2016. 吉林省玉米主推品种种子耐低温能力评价［J］. 安徽农学通报，22（18）：37-39.

孙富，杨丽涛，谢晓娜，等，2012. 低温胁迫对不同抗寒性甘蔗品种幼苗叶绿体生理代谢的影响［J］. 作物学报，38（4）：732-739.

汤玲，袁亮，杨华，等，2017. 西南地区玉米抗非生物逆境品种选育及其对策［J］. 分子植物育种，15（8）：3183-3190.

童淑媛，宋凤斌，徐洪文，2009. 不同品种玉米籽粒成熟期间叶片形态衰老的差异［J］. 华北农学报，24（1）：11-15.

汪仁，邢月华，包红静，2010. 施用有机肥对春玉米生育后期叶片酶活性的影响［J］. 杂粮作物，30（4）：299-301.

汪仁，邢月华，孙文涛，等，2009. 玉米早衰防治技术研究［J］. 新农业（1）：35-36.

王凤山，李美佳，刘文明，2017. 中国玉米贸易逆差的原因及对策研究［J］. 湖北农业科学，56（22）：4396-4398.

王立春，马虹，郑金玉，2008. 东北春玉米耕地合理耕层构造研究［J］. 玉米科学（4）：13-17.

王延峰，宋爱玲，郭力民，等，2002. 不同浓度的壳聚糖处理对玉米种子萌发的影响初报 [J]. 青海师范大学学报（自然科学版），1：63-64.

王征宏，戴凌峰，赵威，等，2013. 盐胁迫对玉米根、芽主要渗透调节物质的影响 [J]. 河南农业科学，42 (6)：21-23.

王忠孝，1999. 山东玉米 [M]. 北京：中国农业出版社.

吴天龙，姜楠，习银生，等，2018. 新时期中国玉米贸易特点及展望 [J]. 农业展望，14 (2)：74-78.

吴远彬，1999. 紧凑型玉米高产理论与技术 [M]. 北京：科学技术文献出版社.

邢月华，汪仁，包红静，等，2010. 辽宁省玉米主产区农田土壤施肥状况调查 [J]. 中国农学通报，26 (19)：166-169.

徐航，尹枝瑞，刘志全，等，2000. 玉米高产稳产土壤条件分析及调控措施研究 [J]. 中国农业科技导报（5）：41-43.

张庆费，夏檑，钱又宇，2000. 城市绿化植物耐荫性的诊断指标体系及其应用 [J]. 中国园林（16）：93-95.

张宇，景希强，王延波，等，2010. 3 个不同株型玉米杂交种适宜密度的研究 [J]. 玉米科学，18 (2)：77-80，84.

张智猛，戴良香，胡昌浩，等，2005. 氮素对不同类型玉米蛋白质及其组分和相关酶活性的影响 [J]. 植物营养肥料学报，11 (3)：320-326.

张中东，王璞，何雪峰，等，2004. 不同密度处理对紧凑型玉米农大 486 叶片生长发育的影响 [J]. 玉米科学，12 (增刊)：91-93.

赵龙飞，李潮海，刘天学，等，2012. 玉米花期高温响应的基因型差异及其生理机制 [J]. 中国农业科学，38 (5)：857-864.

郑洪建，董树亭，王空军，等，2001. 生态因素对玉米品种产量影响及调控的研究 [J]. 作物学报，27 (6)：862-868.

钟武云，2009. 湖南省耕地质量存在的主要问题及管理立法创新［J］. 土壤，4（13）：356-359.

周兴元，曹福亮，陈志明，等，2003. 遮阴对几种暖地型草坪草成坪速度及其景观效果的影响［J］. 草原与草坪（2）：26-29.

Allard G，Nelson C J，Pallardy S G，1991. Shade effects on growth of tall fescue：I. Ieaf anatomy and dry matter partitioning［J］. Crop Science，31（1）：163-167.

Ashraf U，Kanu A S，Mo Z，et al. ，2015. Lead toxicity in rice：effects，mechanisms，and mitigation strategies a mini review［J］. Environmental Science and Pollution Research，22（23）：18318-18332.

Bell G E，Danneberger T K，1999. Temporal shade on creeping bent-grass turf［J］. Crop Science，39：1142-1146.

Bell G E，Danneberger T K，McMahon M J，2000. Spectral irradiance available for turfgrass growth in sun and shade［J］. Crop Science，40：189-195.

Gentinetta E，Ceppi D，Lepori C，et al. ，2002. 1986. A major gene for delayed senesces in maize［J］. Plant breeding，97：193-203.

Gill S S，Tuteja N，2010. Reactive oxygen species and antioxidant machinery in abiotic stress tolerance in crop plants［J］. Plant Physiologyand Biochemistry，48（12）：909-930.

Hoffman N E，Bent A F，Hanson A D，1986. Induction of lactate dehydrogenase isozymes by oxygen deficit in barley root tissue［J］. Plant Physiology，82（3）：658-663.

Lazlo A，St Lawrence P，1983. Parallel induction and synthesis of PDC and ADH in anoxic maize roots［J］. Molecular and General Genetics，192：110-117.

li R Q, G ao X Y, Wu D S, 1991. Some physiological and morphological response in flood maize [J]. Acta Botanica Sinica, 33 (6): 473-477.

Liu Y, Mi G H, Chen F J, et al., 2004. Rhizosphere effect and root g rowth of two maize (*Zea mays* L.) genotypes with contrasting P efficiency at low Pavailability [J]. Plant Sci, 167: 217-223.

Morelli G, Ruberti I, 2000. Shade avoidance responses Driving auxin along lateral routes [J]. Plant Physiology, 2000, 122 (3): 621-626.

Panda D, Sharma S G, Sarkar R K, 2008. Chlorophyll fluorescence parameters, CO_2 photosynthetic rate and regeneration capacity as a result of complete submergence and subsequent reemergence in rice (*Oryza sativa* L.) [J]. Aquatic Botany, 88: 127-133.

Rai R K, Srivastava J P, Shahi J P, 2004. Effects of waterlogging on some biochemical param enters during early growth stage of maize [J]. Indian Journal of Plant Physiology, 9 (1): 65-68.

Sairam R K, Dharmar K, Chinnusamy V, et al., 2009. Waterlogging-induced increase in sugar mobilization, fermentation, and related gene expression in the roots of mung bean (*Vigna radiata*) [J]. Journal of Plant Physiology, 166: 602-616.

Shu D, Wang L, Duan M, et al. , 2011. Antisense – mediated depletion of tomato chloroplast glutathione reductase enhances susceptibility to chilling stress [J]. Plant Physiology and Biochemistry, 49 (10): 1228-1237.

Struik P C, 1983. Thee ffects of short and long shading, applied during different stages of growth, on the development, productivity and quality of forage maize (*Zea mays* L.) [J]. Netherlands Journal of Agricultural Science, 31 (2): 101–124.

Vodnik D, Strajnar P, Jemc S, et al., 2009. Respiratory potential of maize (*Zea mays* L.) roots exposed to hypoxia [J]. Environmental and Experimental Botany, 65: 107–110.

Wei H P, Li R Q, 2004. Effect of flooding on morphology, structure and ATPase activity in adven titious root apical cells of maize seed lings [J]. Acta Phytoecologica Sinica, 24 (3): 293–297.

Yang X H, Wang W, Sun X Z, 1999. Effects of synergism of plant growth regulator and nutrient substance on morphological characters and anatomical structure of hypocotyl of cotton seedlings [J]. Acta Agriculturae Boreal Sinica, 14 (2): 58–62.

Zeng Y, Wu Y, Wayne T A, et al., 1998. Differential regulation of sugar–sensitive sucrose synthases by hypoxia and anoxia indicate complementary transcriptional and posttranscriptional responses [J]. Plant Physiology, 116: 1573–1583.